U0312056

深水油气地震勘探研究与实践丛书

深水油气地震成像研究与实践

常　旭　王一博　编著

科学出版社

北　京

内 容 简 介

深水油气地震勘探具有与陆地和浅海不同的成像问题,如深水盆地陆坡带海底地形的剧烈变化,深水盆地礁体、海山等特殊构造现象,深水水体非均匀性等对下覆地层的成像精度造成极大的影响。本书在科技部 973 项目的支持下,总结了项目组多年的研究成果,这些成果不仅对推动提高地震成像精度的研究有重要意义,而且对解决深水区复杂的地震成像实际问题有良好的借鉴意义,可推动我国深水油气地震勘探技术的提高。本书基于深水油气地震勘探的特殊问题,较系统论述地震成像的基本方法及其在深水海域的技术难点及相应的方法技术对策,给出深水海域地震成像的实例。

本书可供地球物理研究领域的科学家、大专院校教师、石油工业地球物理勘探领域工程师以及攻读博士学位的研究生参考。

图书在版编目(CIP)数据

深水油气地震成像研究与实践/常旭,王一博编著.—北京:科学出版社,2014.3

(深水油气地震勘探研究与实践丛书/朱伟林主编)

ISBN 978-7-03-040185-4

Ⅰ.①深… Ⅱ.①常…②王… Ⅲ.①油气勘探-地震勘探 Ⅳ.①P618.130.8

中国版本图书馆 CIP 数据核字(2014)第 048389 号

责任编辑:周 丹 罗 吉 / 责任校对:郭瑞芝
责任印制:肖 兴 / 封面设计:许 瑞

科 学 出 版 社 出版
北京东黄城根北街 16 号
邮政编码:100717
http://www.sciencep.com

北京通州皇家印刷厂印刷

科学出版社发行 各地新华书店经销

*

2014 年 11 月第 一 版 开本:787×1092 1/16
2014 年 11 月第一次印刷 印张:9 3/4
字数:232 000

定价:98.00 元
(如有印装质量问题,我社负责调换)

深水油气地震勘探研究与实践丛书
编委会名单

主　编　朱伟林

编　委　（以姓氏汉语拼音为序）

常　旭　金德刚　李绪宣　刘伊克

孙启良　王大伟　王建花　王一博

吴时国　谢宋雷　姚根顺

丛 书 序

随着我国经济的持续高速发展,能源供应日趋紧张。根据国际能源组织发布的资料,近 10 年来世界上油气资源的新探明储量大部分来自海洋,尤其是深水区。据最新一轮全国油气资源评价,南海油气资源量为 230 亿~300 亿吨,约占全国总资源量的 1/3,但大部分蕴藏在深水区。一方面,与世界大西洋两侧典型被动大陆边缘深水盆地相比,南海深水盆地发育在边缘海边缘,其成盆机制、盆地演化及其油气地质条件存在显著差异,进一步增加了勘探的风险;另一方面,南海深水区发育崎岖海底、陡陆坡、海底火山等复杂地震地质条件,地震资料品质相对较差,严重影响了深水油气资源评价和勘探研究。因此,迫切需要开展与深水油气资源相关的地质和地球物理基础科学问题的研究,研发具有自主创新和自主知识产权的深水区油气勘探的理论、方法和技术。

973 计划"南海深水盆地油气资源形成与分布基础性研究"项目针对制约深水油气资源勘探的科学技术瓶颈及其基础科学问题,以我国南海北部深水盆地为靶区,利用地球物理、地球化学和石油地质学科相结合的手段,研究南海深水盆地的形成演化和石油地质特征,研究深水地球物理方法的基础性和前沿性问题,旨在建立适合南海深水区的地震采集设计方案、地震成像理论、地震多次波压制及油藏地震响应模式;阐明南海北部深水盆地的成盆机制和演化;分析深水盆地烃源条件和生烃机理;研究远源沉积条件下沉积体系特征及储层特征;揭示深水盆地大中型油气成藏规律,预测深水盆地大中型油气田分布;为我国深水油气资源的勘探开发提供前瞻性科学方法和技术。

经过 5 年的产学研协同攻关,项目创建了南海北部深水区复杂地质结构地震勘探基础理论和方法,首次全面揭示了南海北部深水盆地油气地质条件和油气成藏特征,在烃源和储层两个最核心的科学问题上取得重要进展,填补了我国深水油气成藏研究的空白。并通过理论和实践的紧密结合,研究成果直接应用,指导了我国深水油气勘探,获得了一系列商业性油气发现,推动了我国深水勘探的进程。

本系列丛书主要总结该项目与地球物理理论方法相关的研究成果。丛书共 4 册,分别是:《南海深水区地震采集技术研究与实践》《深水油气地震成像研究与实践》《南海深水多次波压制理论与实践》《南海深水沉积与储层的地球物理识别》。希望能对从事石油天然气地质和地球物理工作者以及相关专业研究人员具有参考价值。

973 项目首席科学家

2013 年 11 月

前　言

深水海域油气资源的勘探面临与陆地和浅海地区不同的前沿科学技术难题,无论是区域构造格局、盆地演化、油气生成、运移和储存,还是深水海域地球物理资料的采集、地震资料的成像,以及油气藏的评价等诸多方面都存在着基础研究的难点。深水油气地震成像是深水海域油气资源勘探领域的重要研究方向之一。近年来,我国南海深水区油气资源得到证实。但是南海深水区海底地形、盆地及含油气构造极其复杂,反射地震成像方法遇到了新的挑战。南海深水海域海底地貌的崎岖性、地质结构的复杂性、储层形态的多样性,以及水体动力环境的不稳定性等多个因素,加剧了地震波传播的复杂性,增大了地震波场有效信息提取的难度。在南海深水区各种观测数据明显不足的条件下,如何从地震资料求解未知的地质问题构成了地震成像研究的重点。

本书主要内容包括深水油气地震成像的新问题;深水复杂介质叠前时间偏移及深度偏移方法的原理和优缺点;基于射线理论的地震叠前深度偏移成像方法;基于波动理论的地震叠前深度偏移成像方法;深水海域地震资料偏移成像的实践;地震偏移速度建模的方法与实践;深水海洋动力环境对地震成像影响的分析。本书分7章讲述地震偏移成像的理论和方法,同时提供在深水海域地震成像的实践。

第1章主要根据我们的认识和体会,分析深水油气国内外研究现状,提出深水油气地震成像必须关注的特殊问题,是后续章节编写的前提。

第2章主要介绍叠前时间偏移成像的方法原理以及利用该方法在深水油气地震成像中的实践。时间偏移成像是各类偏移成像方法的起源,鉴于该方法计算速度快,对速度模型的精度要求不高,因此成为生产实践中的常用方法。这一章还介绍克希霍夫叠前时间偏移的原理、积分方程的求解,同时分析叠前时间偏移方法的局限性。

第3章的主要内容是基于射线理论的深度域偏移成像方法。这一章论述克希霍夫叠前深度域偏移原理和算法的建立,介绍高斯束偏移理论和算法,高斯束与克希霍夫方法同样属于射线类成像方法,但高斯束利用了更宽频带的信息,可在更大的程度上提高成像精度。在这一章中提供了利用克希霍夫叠前深度偏移,以及高斯束偏移在深水区的实践。

第4章介绍基于波动理论的叠前深度域偏移方法,介绍双程波波动方程计算地震波场的原理和算法,在此基础上介绍双程波波动方程逆时偏移的原理和算法,给出作者在研究工作中对逆时偏移算法所做的改进,以及利用波动理论实施的深水海域地震偏移成像实例。

第5章介绍多尺度波形反演方法实现偏移速度建模的理论和方法,介绍频率域和时间域两类多尺度反演方法,以及多尺度波形反演与走时方法结合应用的优点,给出作者在波形反演研究中实施多尺度波形反演速度建模的实例。

第6章提出一次反射波与多次反射波同时成像的方法,该方法可在相当大的程度上提高地震波的照明范围。作者提出的一次波与多次波同时成像的理论依据和算法方程,不需要增加任何计算量即可实现多次波的利用。同时还给出基于一次波与多次波同时成像的数值结果和在深水海域实际资料的处理结果,希望能与感兴趣的同行共同开展这项研究。

　　第 7 章主要论述深水动力环境变化对地震成像的影响,分析中尺度海洋现象可以构成对地震响应改变的物理机制,通过数值计算分析纵向温盐变化和中尺度暖涡的存在对成像精度的影响,同时为依靠地震波形变化实施的深水油气储层反演的研究提供依据。

　　本书在编写过程中兼顾学术研究的系统性和深水油气勘探实践的特殊性,用一定篇幅介绍了地震偏移成像的基础知识,力求理论与实际结合,读者可根据需要做选择性阅读。作者衷心希望本书能为关注地震偏移成像研究的科研同行提供参考。

目　　录

第1章 深水油气地震成像的新问题

1.1 深水油气研究的意义

近年来,海上深水区发现的油气资源储量正在快速增长,深水油气钻探的水深已经超过3000m。随着深水油气勘探成功率的增加,国际相关机构陆续制定了关于深水油气勘探理论和技术的研究规划,争相挑战深水油气勘探的极限。例如,美国联邦政府和石油公司联合制定的深海技术开发研究计划(DEEPSRAR),将100～500m水深的深海油田相关技术作为主要研究内容;巴西制定了为期15年分三阶段实施的技术发展规划,目标是形成3000m水深的海洋油气田开发技术能力。全球的海洋油气勘探表明,深水区具有更大的沉积空间,以及沉积堆积和促使油气成熟的热源,也具有形成更大的油气藏的潜力(Anderson et al.,2000;Deluca,1999;Pettingill,Weimer,2002a,2002b)。

长期以来,我国海洋油气勘探开发集中在陆架和浅水陆坡区,陆续发现了一大批浅水油气田。我国南海大于300m水深的海域面积超过了200万平方公里,周边的文莱、马来西亚、菲律宾等国在南海南部海区相继发现了规模可观的油气资源(吴时国,袁圣强,2005)。自2005年以来,周边国家在南海南部的油气产量已经超过5000万吨/年,2006年中国海洋石油总公司在珠江口白云凹陷的深水探井(荔湾3-1-1,水深1480m)获得1000亿立方米资源量的发现,证实了南海深水区的巨大油气资源潜力,南海深水区将成为我国海洋油气的重要基地之一。

面对南海深水海域的油气资源勘探,现有的科学技术水平明显不足,导致我国深水油气的研究明显滞后于国际水平。关于南海深水海域油气资源的勘探开发和评价,无论是在石油地质还是在勘探地球物理研究方面都面临与陆地和浅海地区不同的科学问题,迫切需要开展相关的研究工作。由于缺少钻井及可见的地质资料,勘探地震学方法及手段在深水海域油气资源勘探研究中占有重要地位(Huffman,2001;Filpo,1999;Schneider,2000),地震方法是获取南海超大水深地区地质构造以及盆地结构的有效手段。但是南海特有的海水物理参数和海洋动力环境、崎岖复杂的海底地貌、大水深长周期多次反射波的发育、横向强烈的非均匀结构,对反射地震成像的方法原理提出了挑战,地震成像的困难成为制约南海油气资源调查评价的瓶颈。本书主要讨论深水油气勘探研究中的地震成像问题,力求突破理论方法屏障,为开发我国南海深水区油气资源提供可靠的基础数据。

1.2 国内外深水油气研究现状

目前陆地和浅海地区油气剩余可采资源越来越少,而深水海域蕴藏着丰富的油气资源。近年来在巴西坎波斯盆地、墨西哥湾、西非的深水海域不断发现大型油气田(Deluca，1999；Khain，Polakova，2004；Pettingill，Weimer，2002a，2002b)，深水海域油气资源越来越多地受到各国政府和石油公司的关注。由于深水盆地与浅海大陆架盆地在构造几何形态、动力学形成机制、烃源岩分布规律及地球物理特征方面存在很大的差别，与深水油气相关的研究工作在学术界引起了广泛的关注(Talyor，Hayes，1983；Briais et al.，1993；Akinosho，1999)。

在深水地球物理研究方面，高精度的地震成像仍然是各类方法技术围绕的核心和聚焦点。

(1)近年来海底电缆多分量地震方法作为深海地震观测的重要方式得到长足发展，随着海底电缆观测成本的进一步降低，多分量地震将成为未来深水油气地震方法的重要手段。同时，与多分量地震密切相关的深水转换波成像的研究也必然是未来发展的一个重点(Stephens，1996)。

(2)我国南海深水盆地水深超过千米，新生代沉积厚度上万米，长偏移距地震观测将成为一种必要的手段。但是长偏移距地震观测除了遇到电缆漂移的技术问题之外，传统意义上地震波传播的时距方程也表现出严重的缺陷。近年来，地震波时距方程六阶展开最优化法的提出，不仅使长偏移距地震波形叠加后畸变问题的研究深入开展，还对长偏移距引起的地震波速度各向异性问题探讨了解决方案(尤建军等，2006；Alkhalifah，1995)，长偏移距地震波时距关系的解决将对深水地震成像提供有利的技术支撑。

(3)压制多次反射波是深水区地震成像成功的关键，现有的拉东变换等方法主要利用多次波与反射波速度的差异，不适合深水区强能量长周期地震多次波的消除。最近几年发展的 SRME 方法(Berkhout，Verschuur，1997)、波路径方法(刘伊克等，2008)、逆散射方法是消除多次波最有希望的方法，深入的研究工作使此类方法正在从理论向实用化发展(Filpo，1999；金德刚等，2008)。可以预测，消除多次波方法研究的进展对提高地震成像的精度一定会产生重要的推动作用。

(4)南海特有的海水物理参量(温度和盐度)和海洋动力环境特征(风浪、海流、内波)对地震波传播的影响近年来受到极大的关注(Keen，Allen，2000)，美国和欧洲太空局以及中国科学院都在南海海域观测到孤立内波(Munroe，Lamb，2005)，海洋的物理现象对地震波场的畸变作用及其对地震成像精度的影响将成为地震方法中不可忽视的一点。

(5)南海深水地震成像面临的问题十分复杂，主要因素包括海底地貌的复杂性、沉积结构的复杂性、储层形态的多变性，以及超大深度水体动力环境的不稳定性等，这些因素加剧了地震波传播的复杂性，增大了从复杂的地震波场对有效波成像的难度。深水复杂构造背景下二维地震方法的缺陷加深了地震成像与反演的难点(Lee，1999)，在南海各种观测数据明显不足的条件下最佳地求解未知的地质问题构成了成像研究的重点。近年来，波动方程叠前深度域保幅偏移方法(张宇，2006；常旭等，2008)，研究了深水崎岖海底造成的地震波散射和横向速度的剧烈变化，提高了成像效果，推动了深水地震成像研究的进展。

1.3 深水油气地震成像研究的新问题

问题1:如何认识复杂海底地貌情况下地震波的速度场?

深水油气地震成像首先必须解决复杂海底地貌情况下地震波速度场的建立问题,这一问题的解决对提高波动方程叠前深度偏移的精度至关重要,是波动方程叠前深度偏移方法体系中的关键问题。目前工业界一般利用偏移速度分析的方法建立速度模型,近年来快速发展的全波形反演方法,可以更精细地建立深度域速度模型,但如何提取地震数据中的低频信息以保证初始速度模型的客观性,仍然是一个需要研究的新问题。

问题2:如何在偏移成像方法中合理补偿深层能量?

我国南海深水区崎岖海底引起地震波散射,超大水深引起中深层能量强烈衰减,如何确立有效的偏移算法,使深水海域中深层地震波能量得到恢复,是地震成像研究遇到的新问题。近年来,叠前深度域保持振幅偏移方法的研究可为解决这一问题提供理论基础。但是,在实际资料成像处理的过程中,叠前深度域保持振幅偏移方法还有很多技术问题需要解决。

问题3:如何认识南海超大水深引起的超强多次反射波?

在深水油气地震成像研究中,必须解决多次波模型的建立问题,特别是长周期的、与表面相关的多次波模型的建立,是有效消除多次波的关键,同时也是突出深层能量,加强反射波传播效率的关键。这一问题的解决将直接影响成像质量。近年来,多次波利用的研究得到发展,多次波的利用可以扩大地震波的照明范围,使复杂构造的照明得到补偿。因此,在深水油气地震成像研究中多次波不仅仅需要消除,还需要研究对其的有效利用。

问题4:海水物理参数以及海洋动力环境是否对偏移精度造成影响?

海洋的动力环境变化和海水物理性质的差异使水层具有非均匀性特征,导致声波速度结构发生变化。长期以来,海上油气地震勘探对地震响应和地震成像的研究一般忽略海水层的非均匀性。这在水深0~50m的浅海陆架海域是可行的,但是,当水层深度超过1000m甚至到3000m时,水层非均匀性的影响还可忽略吗?面对上千米深水地震数据的成像,这一问题应该得到研究。

综上所述,深水油气地震成像研究必须针对深水区特有的问题开展研究,以满足深水油气勘探开发日益增长的重大需求。

第 2 章　叠前时间偏移成像

地震偏移成像根据其在叠前或叠后实现的不同区分为叠前偏移和叠后偏移,又根据其在时间域或深度域实现的不同区分为时间偏移和深度偏移。根据这两大类区分,地震偏移方法可组合为叠加后时间偏移和叠加后深度偏移,叠前时间偏移和叠前深度偏移。叠后偏移数据量大大减少,但受到数据叠加的影响,损失了地震波形的精细变化,成像精度低于叠前偏移方法。随着计算机硬件技术的不断发展和大规模数据处理能力的不断提高,地震叠前偏移方法已经成为工业界采用的主流方法。叠前时间偏移具有观测系统适应性强、速度分析快捷、运算效率高、资料成像较清晰等特点,至今仍然是地震偏移成像处理不可或缺的方法。本章主要介绍地震叠前时间偏移的原理和算法以及相关参数的选择。

2.1　叠前时间偏移的方法原理

叠前时间偏移与叠后时间偏移和叠前深度偏移一样,既有基于射线走时类的克希霍夫积分方法,也有基于波动方程的有限差分方法和傅里叶变换法。从原理和适用性上分析,叠后时间偏移是基于地震观测系统自激自收方式,不能对倾斜地层精确成像;而叠前时间偏移是基于绕射叠加或 Claerbout(1972)的反射波成像原则,能够解决叠后时间偏移存在的问题,适于横向速度中等变化的介质,对偏移速度场不是很敏感,具有较好的构造成像效果,能满足大多数探区对地震资料的精度要求。所以,叠前时间偏移相对于叠后时间偏移有其独特的优势,是目前地震资料处理中非常重要的方法。本节将以克希霍夫积分法为例详述叠前时间偏移的基本原理和算法。

2.1.1　叠前时间偏移基本原理和算法

1. 克希霍夫叠前时间偏移的基本原理

克希霍夫叠前时间偏移是一种绕射求和的偏移方法。它具有以下特点:①对速度模型的要求不高,不需要高精度的速度模型即可得到较为精确的成像效果;②对野外采集数据的适应性很好,能很好地处理各类采集数据;③计算效率较高,尤其在使用 MPI 并行的情况下能够较大地提高效率。基于绕射求和原理的偏移方法是在输入空间(x,t)上搜索所有的能量,只要绕射源(惠更斯二次震源)存在,那么在输出空间(x,z)中就能标出它的确切位置。对(x,z)空间中的每一点,在相应的(x,z)空间中沿着它的惠更斯二次震源绕射曲线轨迹进行搜索,把搜索到的各点振幅加起来,然后放到(x,z)空间中的这个点上。也就是说,绕射求和就是沿着双曲线轨迹,直接作振幅叠加,这里的叠加双曲线(即求和轨迹)是受速度函数控制的。假设速度-深度模型为水平层状介质,则速度函数即为双曲线顶点的均方根速度。这里的(x, z)是对于深度偏移而言的,在时间偏移前后,就像剖面中所见那样,振幅的和值实际上被放在(x, t)空间中了,这里的t是偏移后该点所在位置的时间。在进行绕射求和之前,必须考虑如下三个因素。

(1)振幅随角度变化的倾斜因子或方向因子。它表示为传播方向与垂直轴Z之间夹角的余弦。

(2)球面扩散因子。它在二维波动空间中用$\sqrt{\dfrac{1}{vr}}$表示,在三维波动空间中用$\dfrac{1}{vr}$表示(这里v表示偏移速度,r表示炮点到成像点的距离)。

(3)子波整形因子。对二维偏移,设计一个$45°$常相位谱,振幅谱正比于频率平方根;对三维偏移,这个因子的相移为$90°$,振幅谱与频率成正比。

克希霍夫偏移的实用方法有两种:一个为输出道观点,另一个为输入道观点,如图2.1.1和图2.1.2(Yilmaz,2001)所示。

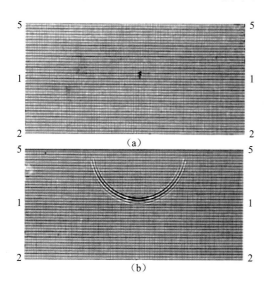

图 2.1.1　输出道观点(Yilmaz,2001)　　　图 2.1.2　输入道观点(Yilmaz,2001)

所谓输出道观点就是把零偏移距剖面或者非零偏移距剖面上的脉冲输出到成像空间中等时间对应的可能的地下反射点上,反射同相轴上任意点都可以看成是一个脉冲,把脉冲响应能量扩散到一系列等时面上,所有等时面对应的可能的反射面的包络构成地下反射界面。

输入道观点是地下界面上的每一点都可以认为是一个绕射点,它们在入射波的激励下产生广义绕射,地下的一个绕射点对应到记录上就是一条绕射双曲线。对于每个绕射点,计算绕射时距曲线,按此关系把时距曲线的能量叠加到绕射顶点上,绕射顶点的连线就是真正的反射界面。

2. 克希霍夫叠前时间偏移的具体算法

标量波动方程的克希霍夫积分解:

$$\left[\frac{\partial^2}{\partial x^2}+\frac{\partial^2}{\partial x^2}+\frac{\partial^2}{\partial x^2}-\frac{1}{v^2(x,y,z)}\frac{\partial^2}{\partial t^2}\right]P(x,y,z;t)=0 \tag{2.1.1}$$

是惠更斯原理的数学表述。在方程(2.1.1)中，$P(x,y,z;t)$ 为在介质中以速度 $v(x,y,z)$ 传播的压力波场。惠更斯原理表述如下：在时间 $t+\Delta t$ 时的压力扰动是点震源在时间 t 时产生的球面波的叠加。

分析图 2.1.3 中在位置 $S(x,y,z)$ 处的点绕射源的几何形态，以及在绕射源激发产生的绕射波场在表面区域 A 的观察结果。实际上，表面区域 A 只是闭合面的一部分，是闭合面上的观察窗口。为了方便，我们将观察表面区域 A 上的检波点位置 $R(0,0,0)$ 定为坐标系原点。

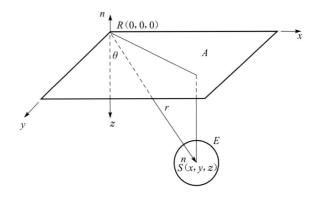

图 2.1.3   从标量波动方程的克希霍夫积分分解得到的点绕射(陶杰,2011)

为了计算方便，将在时间方向上对波场应用傅里叶变换：

$$P(x,y,z;\omega)=\int P(x,y,z;t)\exp(-\mathrm{i}\omega t)\mathrm{d}t \tag{2.1.2}$$

式中，ω 为角频率。逆变换给出如下：

$$P(x,y,z;\omega)=\int P(x,y,z;t)\exp(\mathrm{i}\omega t)\mathrm{d}t \tag{2.1.3}$$

在时间方向对方程(2.1.1)应用傅里叶变换，得到

$$\left(\nabla^2+\frac{\omega^2}{v^2}\right)P(x,y,z;\omega)=0 \tag{2.1.4}$$

式中，∇^2 为拉普拉斯算子：

$$\nabla^2 P=\left(\frac{\partial^2}{\partial x^2}+\frac{\partial^2}{\partial y^2}+\frac{\partial^2}{\partial z^2}\right)P \tag{2.1.5}$$

我们可以直观地表述在闭合面 A 上的观察结果是震源 S 产生的。这种说法的数学表述是高斯散度定理：

$$\int_V \nabla^2 P\mathrm{d}V=\int_A \frac{\partial P}{\partial n}\mathrm{d}A \tag{2.1.6}$$

式中，V 为面 A 所包围的区域的体积；导数 $\partial P/\partial n$ 为面 A 的外法线方向。注意方

程(2.1.6)所表述的高斯散度定理将面积分转换为体积分。

对于每一个频率成分 ω，解方程(2.1.5)，在所有的频率成分上，求各解之和，来计算在震源 $P(x,y,z;t=0)$ 处的波场。

从克希霍夫(1891)得到的解要求格林函数，格林函数描述了从点震源向外传播的波有球面对称性：

$$G(r,\omega) = \frac{1}{r}\exp\left(-\mathrm{i}\,\frac{\omega}{v}r\right) \qquad (2.1.7)$$

式中，

$$r = \sqrt{x^2 + y^2 + z^2} \qquad (2.1.8)$$

是观测点和震源位置之间的距离。

方程(2.1.7)给出的格林函数也是方程(2.1.6)的一个有效解：

$$\left(\nabla^2 + \frac{\omega^2}{v^2}\right)G(x,y,z) = 0 \qquad (2.1.9)$$

将方程(2.1.4)的两边同乘格林函数方程(2.1.7)中的 G，得到

$$\int_V G\,\nabla^2 P\mathrm{d}V = \int_A G\,\frac{\partial P}{\partial n}\mathrm{d}A \qquad (2.1.10)$$

互换方程(2.1.10)中的波函数 P 与格林函数 G，得到

$$\int_V P\,\nabla^2 G\,\mathrm{d}V = \int_A P\,\frac{\partial G}{\partial n}\mathrm{d}A \qquad (2.1.11)$$

现在用方程(2.1.10)减方程(2.1.11)，得到

$$\int_V (G\,\nabla^2 P - P\,\nabla^2 G)\mathrm{d}V = \int_A \left(G\,\frac{\partial P}{\partial n} - P\,\frac{\partial G}{\partial n}\right)\mathrm{d}A \qquad (2.1.12)$$

方程(2.1.12)就是格林定理。

将方程(2.1.4)和(2.1.9)代入方程(2.1.12)的左边：

$$\int_V (G\,\nabla^2 P - P\,\nabla^2 G)\mathrm{d}V = \int_V \left(-G\,\frac{\omega^2}{v^2}P + P\,\frac{\omega^2}{v^2}G\right)\mathrm{d}V \qquad (2.1.13)$$

并因此注意：

$$\int_V (G\,\nabla^2 P - P\,\nabla^2 G)\mathrm{d}V = 0 \qquad (2.1.14)$$

现在将注意力放到方程(2.1.12)的右侧。因为方程(2.1.7)定义的格林函数在震源位置 S 变成无穷，所以我们需要将震源放在一个无穷小的以面 E 包围的小球内。这就要求计算方程(2.1.12)右边的两部分，即一部分是对于面 E，另一部分是对于面 A。

将方程(2.1.7)代入方程(2.1.12)的右边，并从图 2.1.3 中可看出，得到对于面 E，$\left(\frac{\partial}{\partial n}\right) = -\left(\frac{\partial}{\partial r}\right)$：

$$\int_E \Big(G\,\frac{\partial P}{\partial n} - P\,\frac{\partial G}{\partial n}\Big)\mathrm{d}E = \int_E \Big\{ -\frac{1}{r}\exp\Big(-\mathrm{i}\,\frac{\omega}{v}r\Big)\frac{\partial P}{\partial r} + P\,\frac{\partial}{\partial r}\Big[\frac{1}{r}\exp\Big(-\mathrm{i}\,\frac{\omega}{v}r\Big)\Big]\Big\}r^2\,\mathrm{d}\Omega$$

$$(2.1.15)$$

式中,$\mathrm{d}E = r^2\mathrm{d}\Omega$,其中 Ω 为图 2.1.3 中围绕点震源 S 的立体角。

对 r 求导,简化方程(2.1.15)的右边,得到

$$\int_E \Big(G\,\frac{\partial P}{\partial n} - P\,\frac{\partial G}{\partial n}\Big)\mathrm{d}E = -\int_E \exp\Big(-\mathrm{i}\,\frac{\omega}{v}r\Big)\Big(r\,\frac{\partial P}{\partial r} + P + r\,\frac{\omega}{v}rP\Big)\mathrm{d}\Omega \quad (2.1.16)$$

最后,代入极限情况 $r \to 0$,得到面 E 的贡献:

$$\int_E \Big(G\,\frac{\partial P}{\partial n} - P\,\frac{\partial G}{\partial n}\Big)\mathrm{d}E = -4\pi P \qquad (2.1.17)$$

现在再将方程(2.1.7)代入方程(2.1.12)的右边,从图 2.1.3 看到,对于面 A,$(\partial/\partial n) = -(\partial/\partial z)$:

$$\int_A \Big(G\,\frac{\partial P}{\partial n} - P\,\frac{\partial G}{\partial n}\Big)\mathrm{d}A = \int_A \Big\{ -\frac{1}{r}\exp\Big(-\mathrm{i}\,\frac{\omega}{v}r\Big)\frac{\partial P}{\partial z} + P\,\frac{\partial}{\partial z}\Big[\frac{1}{r}\exp\Big(-\mathrm{i}\,\frac{\omega}{v}r\Big)\Big]\Big\}\mathrm{d}A$$

$$(2.1.18)$$

对 z 求导,且从图 2.1.3 看到 $\partial r/\partial z = \cos\theta$,简化方程(2.1.18)的右边,得到

$$\int_A \Big(G\,\frac{\partial P}{\partial n} - P\,\frac{\partial G}{\partial n}\Big)\mathrm{d}A = -\int_A \exp\Big(-\mathrm{i}\,\frac{\omega}{v}r\Big)\Big(\frac{1}{r}\,\frac{\partial P}{\partial z} + \frac{\cos\theta}{r^2}P + \mathrm{i}\,\frac{\omega}{v}\,\frac{\cos\theta}{r}P\Big)\mathrm{d}A$$

$$(2.1.19)$$

方程(2.1.12)右边的全部贡献是方程(2.1.17)和方程(2.1.19)的和。方程(2.1.12)的左边被方程(2.1.14)化为零。因此,方程(2.1.12)的表述结果是

$$4\pi P = \int_A \exp\Big(-\mathrm{i}\,\frac{\omega}{v}r\Big)\Big(\frac{1}{r}\,\frac{\partial P}{\partial z} + \frac{\cos\theta}{r^2}P + \mathrm{i}\,\frac{\omega}{v}\,\frac{\cos\theta}{r}P\Big)\mathrm{d}A \qquad (2.1.20)$$

再调用方程(2.1.20)中的 $P = P(x,y,z;\omega)$,两边都乘以 $\exp(\mathrm{i}\omega t)$,并在频率 ω 上积分。方程左边经(2.1.3)中的逆傅里叶变换变成 $P(x,y,z;t)$,则表述结果是

$$P(x,y,z;t) = \frac{1}{4\pi}\int_\omega\int_A \Big(\frac{1}{r}\,\frac{\partial P}{\partial z} + \frac{\cos\theta}{r^2}P + \mathrm{i}\,\frac{\omega}{v}\,\frac{\cos\theta}{r}P\Big)\exp\Big[-\mathrm{i}\omega\Big(t - \frac{r}{v}\Big)\Big]\mathrm{d}A\mathrm{d}\omega$$

$$(2.1.21)$$

定义变量 $\tau = t - r/v$ 为延迟时。如果 $P(\omega)$ 为 $P(t)$ 的傅里叶变换,$\exp(-\mathrm{i}\omega r/v)P(\omega)$ 为 $P(\tau = t - r/v)$ 的傅里叶变换。同样地,如果 $P(\omega)$ 为 $P(t)$ 的傅里叶变换,$\mathrm{i}\omega P(\omega)$ 为 $\partial P/\partial t$ 的傅里叶变换。将这些关系式代入方程(2.1.21),对方程右边应用傅里叶变换,得到

$$P(x,y,z;\tau) = \frac{1}{4\pi}\int_A \Big(\frac{1}{r}\,\frac{\partial P}{\partial z} + \frac{\cos\theta}{r^2}\mid P\mid + \frac{\cos\theta}{vr}\,\frac{\partial P}{\partial t}\Big)\mathrm{d}A \qquad (2.1.22)$$

式中,$\mid P\mid$ 为用波场 P 在延迟时 $\tau = t - \dfrac{r}{v}$ 对区域 A 求取的积分。

在式(2.1.22)中,第一项决定于波场的垂向梯度,第二项称为近场源项,因为它是以

$1/r^2$ 衰减。这两项在地震偏移中都被忽略。剩下的第三项称为远场源项,它是克希霍夫偏移的基础。以离散形式写出第三项:

$$P_{\text{out}} = \frac{\Delta x \Delta y}{4\pi} \sum_A \frac{\cos\theta}{vr} \frac{\partial}{\partial t} P_{\text{in}} \tag{2.1.23}$$

式中,Δx 和 Δy 为纵测线和横测线的道间距;$P_{\text{out}} = P(x_{\text{out}}, y_{\text{out}}, z; \tau = 2z/v)$ 为在区域窗 A 内用输入波场 $P_{\text{in}} = P(x_{\text{in}}, y_{\text{in}}, z=0; \tau = t - r/v)$ 得到的偏移输出。

下面详细介绍克希霍夫叠前时间偏移的实现流程。利用克希霍夫积分法进行叠前时间偏移,一般在共炮点道集上进行,在二维和三维叠前偏移中,处理方法是一致的。

第一步,将输入数据进行反假频处理,主要是针对算子假频进行滤波,通过该步骤滤除超过 Nyquist 频率的地震信号。

第二步,针对输入的地震数据,设计一个合理的偏移孔径,使该孔径尽可能地覆盖射线的走时路径,同时又不会花费大量的计算时间。

第三步,针对每一个输入地震道数据所对应的地下成像点(这里的成像点是该地震道数据偏移孔径内的成像点),通过合理的走时计算方程,计算炮点到成像点,成像点再到接收点的时间,将该走时在该地震记录所对应的振幅值按照一定的比例输出,作为该点的成像值。

第四步,针对每一炮的地震数据,重复第二步和第三步的工作,并将提取的成像值求和,得到偏移剖面,就完成了一个炮集的克希霍夫偏移。

第五步,将所有的炮道集记录都做上述四步处理后,按照与地面点重合的记录相叠加的原则进行叠加,即可完成克希霍夫叠前时间偏移。

2.1.2 叠前时间偏移在深水油气地震成像方法中的局限性

在深水油气地震成像当中,在深海区域的崎岖海底,海水的速度低于下伏地层的速度。当海底起伏剧烈时,地震波射线路径发生严重畸变,均方根速度不能描述绕射的几何关系,地震波传播的双曲线假设不成立,绕射双曲线的顶点(即时间偏移成像位置)偏离绕射点,这就导致横向错位。叠前时间偏移都是建立在横向速度变化不剧烈的基础上的,因此,它不能解决速度横向变化很大地区的地震成像问题。这也是叠前时间偏移在深水油气地震成像中的局限性。如果要解决深海区域的海底崎岖问题,应采用叠前深度偏移的方法来改善这一局限性。

2.2 叠前时间偏移在深水油气地震成像中的应用

随着深水油气勘探程度的逐步加深,构造相对简单的油气藏很多已经被发现,勘探对象日趋复杂,主要表现为地层倾角大、断层发育、储层分布范围小而且无规律、埋藏深、纵横向速度变化剧烈等特点,这些都使得地震勘探的常规处理流程难以获得清晰的地下地质构造图像信息。因此,如何获得地下复杂地质构造的准确成像结果已经成为油气勘探与开发中的关键环节。进一步深入研究并发展高精度和高效率的复杂构造偏移成像技术已经成为地震资料处理研究的重中之重。为了对复杂构造精确成像和充分利用叠前信息进行油气和流体检测,现行的地震资料处理已从叠后发展到叠前,从方法上分为时间偏移和深度偏移。理论上讲,叠前深度偏移是解决复杂地质体成像的理想方法,但是它对速度模型的依赖性很强,要求有一个能宏观反映地下速度变化的地质模型,即深度域的层速度模型。因此,为了让叠前深度偏移获得一个理想的偏移结果,需要在速度分析方面进行大量的工作。偏移速度分析已经成为叠前深度偏移面临的最大难题之一。此外叠前深度偏移周期长、成本高、成功率低。与叠前深度偏移相比,叠前时间偏移虽然在处理横向变速问题上存在限制,但其在计算效率、灵活性以及对速度的依赖程度上都存在着许多的优势。实际上,偏移方法的选择与所处理问题的地质特点是紧密相连的,对一类反射构造复杂但速度的横向变化不是很剧烈的地质问题,叠前时间偏移可以较好成像,而我国很多的海洋实际地质情况基本符合了这一条件。进入 21 世纪以来,叠前时间偏移处理已逐渐成为国内外石油工业界的标准处理流程,叠前时间偏移尤其是克希霍夫积分法叠前时间偏移在国内外油气藏勘探中发挥着重要作用。

2.2.1　叠前时间偏移数值计算与成像实例

克希霍夫叠前时间偏移是一种很实用的偏移方法,其优点在于便于操作和控制。若要进行参数测试或者对全工区内一部分做重点偏移,可以定义窗口输出;若是需要更高的精度,可以用更精确的旅行时计算方法;若想得到好的陡倾角的信息,可以加大偏移孔径。由于之前没有一种偏移方法能达到像克希霍夫叠前时间偏移这样的适应性和灵活性。所以合理选取偏移参数也是克希霍夫叠前时间偏移成像好坏的关键,下面对叠前时间偏移参数的选取一一说明,并通过几个偏移成像的例子让大家对叠前时间偏移有更深层次的了解。

图 2.2.1(a)和图 2.2.2(a)为三维速度模型,图 2.2.1(b)和图 2.2.2(b)为对正演的炮集采用克希霍夫叠前时间偏移所得的结果。两幅图的简单偏移实验是为了对克希霍夫叠前时间偏移有更加直观的认识。从图中可以看出,叠前时间偏移基本上可以对地质信息很好地成像,尤其对地质构造不是很复杂的地层和横向变速不是特别严重的地层都能够很好地成像。但是对构造复杂或者速度横向差异很大的地层,其成像效果不是特别理想。

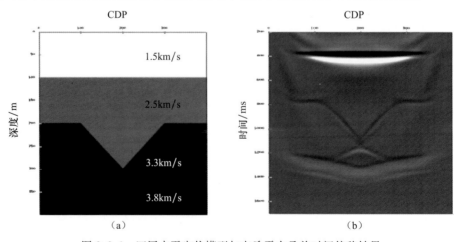

图 2.2.1　四层水平尖状模型与克希霍夫叠前时间偏移结果

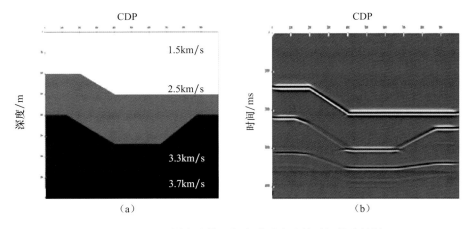

图 2.2.2 四层缓变速模型与克希霍夫叠前时间偏移结果

1. 叠前时间偏移成像孔径的选取

成像孔径在应用克希霍夫叠前偏移方法中起着关键的作用,成像孔径选取的大小和形状会明显影响计算效率、成像的信噪比和成像的保幅性。在实际处理中,传统的全孔径克希霍夫型偏移是把时间样点模糊到沿准椭圆的成像空间上。当偏移单道信息时,成像孔径是整个成像空间,因此成本高、噪声干扰强。

当选取的孔径过大时,两种走时方法在三层水平模型(图 2.2.3)中的走时,前者为二阶分式展开算法走时,后者为四阶泰勒展开走时,如图 2.2.4 所示。当采用全孔径接收时,发现在大偏移距处有很大一部分走时的计算出现错误,同时,可以发现,不同算法在同一数据中应用时,所选取的孔径也应是不尽相同的;而且选取合适的孔径能达到既能减少很大一部分计算量,又能使求得的结果更加精确的双重目的。图 2.2.5 是调整了适当的孔径后计算出的走时图。选取不同偏移孔径对模型图 2.2.6 进行偏移的结果,如图 2.2.7~图 2.2.9 所示。其中,图 2.2.7 为选择合适偏移孔径的偏移成像结果;图 2.2.8 为全孔径接收后最终成像结果,可以发现,结果中引入过多低频噪声;图 2.2.9 为很小的偏移孔径的偏移结果,可以发现,倾角处的偏移效果欠佳,绕射波不收敛。

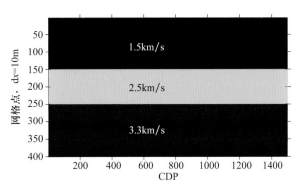

图 2.2.3 三层水平模型

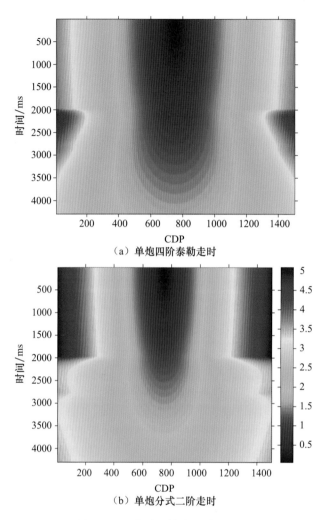

（a）单炮四阶泰勒走时

（b）单炮分式二阶走时

图 2.2.4 大孔径接收的单炮走时

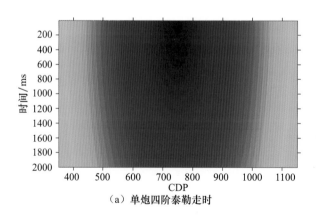

（a）单炮四阶泰勒走时

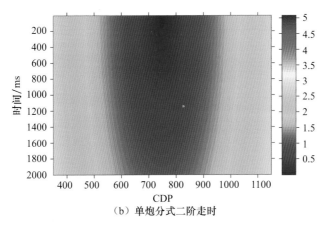

（b）单炮分式二阶走时

图 2.2.5　小孔径接收的单炮走时

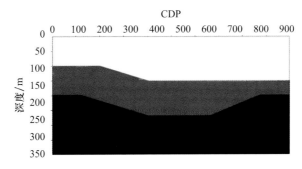

图 2.2.6　四层介质模型

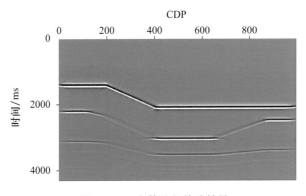

图 2.2.7　中等孔径偏移结果

关于孔径的选取（Yilmaz,2001）：

（1）过小的孔径使陡倾角同相轴遭到破坏,同时造成振幅剧烈变化。

（2）过小的孔径强化了随机噪声,特别是在剖面的更深部分,造成假的水平同相轴。

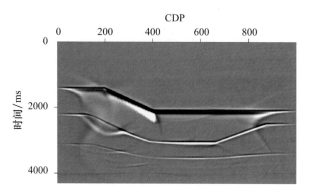

图 2.2.8　全孔径偏移结果

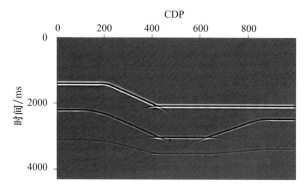

图 2.2.9　小孔径偏移结果

（3）过大的孔径则意味着多花计算时间，更重要的是在信噪比降低时大孔径会造成偏移质量下降，大偏移孔径会使深部的噪声影响到较好的浅层资料，因此，孔径宽度应该根据噪声情况而定。

（4）对一个探区最好是采用相同的孔径对所有的地震资料作偏移，以便让偏移剖面保持统一的振幅特性。实际中是用探区的区域速度函数和最陡的同相轴倾角来计算最佳偏移孔径，并把这个孔径运用到全区所有的资料。

根据反射波和绕射波时差大小，理论上可以确定最佳孔径的位置范围，在实际资料处理应用时，则存在着难以实现的困难，主要是难以精确地计算地下每一点反射波走时，对于地下任意一点的反射波走时的计算不仅取决于速度-深度模型的建立，而且依赖于地层构造倾角，且构造倾角小的变化，会使反射波走时产生大的变化。因此，只有准确地给出构造倾角时，才能可靠地计算出反射波走时。

优化成像孔径：

下面给出了一种优化成像孔径的克希霍夫偏移方法。其算法如下，首先把自动增益控制应用到各个共炮点道集上，然后用下述步骤确定优化孔径逐道偏移炮道集。

（1）用大于预定阈值的振幅拾取反射波到时波至。

（2）利用在几个地震道上的局部倾斜叠加对拾取的波至计算入射角。

（3）从检波点向地下介质发射射线。

（4）沿该射线路径寻找镜像反射点。

（5）确定含有该镜像反射点的一成像孔径。利用抛物回归分析确定该孔径的中心位置，在该位置镜像反射点分布最密，孔径的宽度由剩余标准偏差控制。

（6）把该道偏移到优化成像孔径上。

2. 叠前时间偏移反假频技术

克希霍夫叠前时间偏移可能会受到 3 种假频的影响，分别为：①由于时间采样不足所导致的输入数据假频；②由于偏移计算方法不当所产生的算子假频；③由于偏移输出网格选取不当所产生的成像假频。

数据假频一般发生在当地震记录的频率不满足 $f_{\max} \leqslant v_r / (4\sin\theta_r \Delta x)$（Yilmaz，2001）的条件时，其中，$f$ 是地震数据的频率，Δx 是道间距，v_r 是接收点处的速度，θ_r 是平面波的入射角度，数据假频一般很难压制，通常的办法就是对数据进行反假频插值或者重新定义观测系统。

成像假频主要是成像点网格间距太大造成的，减小输出网格间距的大小就可以改善成像假频。单就结果而言，克希霍夫叠前时间偏移的成像假频只是一个整体剖面美观上的问题，如果不受别的假频问题的影响，单个成像网格上的值依然是正确的。只有偏移数据作为多道输入进行后续处理的时候成像假频才会产生影响。

算子假频一般是偏移计算方法选取不当所产生的。克希霍夫叠前时间偏移是将空间和时间上的离散的输入数据求和，因为输入数据在空间上常常是不足的，特别是当绕射叠加的叠加路径太陡造成采样不足就会产生假频问题，所以必须要保证时空域的算子不会因为采样不足而把含 Nyquist 频率以外的频率带进来。

对于算子假频和成像假频，通过比较分析国内外很多专家学者文献中给出的假频公式，由二维克希霍夫叠前时间偏移公式出发，得到了较为精确的算子假频和成像假频。现简述如下。

（1）算子假频问题

二维的克希霍夫偏移公式

$$P(x,z) = \int U(\xi; \tau(\xi; x, z)) \mathrm{d}\xi \qquad (2.2.1)$$

实际数据为离散的

$$U_k(t) = U(\xi_k; t) = U(k\Delta\xi; t) \qquad (2.2.2)$$

根据 Shannon 采样定理，连续的地震数据可以通过对 $U_k(t)$ 经 Sinc 插值重建

$$U(\xi, t) = \sum_k U_k(t) \mathrm{sinc}\left(\frac{\xi - \xi_k}{\Delta\xi}\right) \qquad (2.2.3)$$

将其代入偏移公式

$$P(x,z) = \int \sum_k U_k[\tau(\xi; x, z)] \mathrm{sinc}\left(\frac{\xi - \xi_k}{\Delta\xi}\right) \mathrm{d}\xi$$

$$= \sum_k \iint \sum_k U_k(t)\delta[t-\tau(\xi;x,z)]\mathrm{sinc}\left(\frac{\xi-\xi_k}{\Delta\xi}\right)\mathrm{d}\xi\mathrm{d}t$$

$$= \sum_k \int U_k(t)\mathrm{d}t\Delta\xi \tag{2.2.4}$$

(2.2.4)式表明,对离散地震数据做克希霍夫积分偏移不能简单沿走时曲线叠加求和,而是在求和之前做滤波,滤波函数为

$$W_k(t) = \int \delta[t-\tau(\xi;x,z)]\mathrm{sinc}\left(\frac{\xi-\xi_k}{\Delta\xi}\right)\frac{\mathrm{d}\xi}{\Delta\xi} = \frac{\mathrm{sinc}\left(\dfrac{\xi-\xi_k}{\Delta\xi}\right)}{\dfrac{\partial\tau}{\partial\xi}[\xi(t)]\Delta\xi}$$

$$\approx \frac{\mathrm{sinc}\left[\dfrac{\xi'(t_k)(t-t_k)}{\Delta\xi}\right]}{\dfrac{\partial\tau}{\partial\xi}[\xi(t)]\Delta\xi} = \frac{\sin\left[\dfrac{\pi\xi'(t_k)(t-t_k)}{\Delta\xi}\right]}{\pi(t-t_k)}$$

$W_k(t)$为低通滤波器,其截频是 $f_{\max} = \dfrac{|\xi'(t_k)|}{2\Delta\xi}$。

三维情况(张宇,2008)可得

$$f_{\max} = \frac{1}{2\left|\dfrac{\partial\tau}{\partial\vec{\rho}}\right|\max(\Delta\xi\cos\theta, \Delta\eta\sin\theta)} \tag{2.2.5}$$

（2）成像假频问题

三维克希霍夫偏移公式

$$P(x,y,z) = \iint U(\xi,\eta,\tau(\xi;\eta;x,y,z))\mathrm{d}\xi\mathrm{d}\eta \tag{2.2.6}$$

输出函数 $P(x,y,z)$要在离散网格上输出,需要经过去假频的低通滤波

$$P_{k,l,m} = \iiint P(x,y,z)\mathrm{sinc}\left(\frac{x-x_k}{\Delta x}\right)\mathrm{sinc}\left(\frac{y-y_l}{\Delta y}\right)\mathrm{sinc}\left(\frac{z-z_m}{\Delta z}\right)\mathrm{d}x\mathrm{d}y\mathrm{d}z$$

$$= \iiint U(\xi,\eta;t)V_{k,l,m}(t;\xi\eta)\Delta x\Delta y\Delta z\mathrm{d}t\mathrm{d}\xi\mathrm{d}\eta \tag{2.2.7}$$

其中,$V_{k,l,m}$是对成像假频采取的滤波函数

$$V_{k,l,m} = \int \delta[t-\tau(\xi,\eta;x,y,z)]\mathrm{sinc}\left(\frac{x-x_k}{\Delta x}\right)\mathrm{sinc}\left(\frac{y-y_l}{\Delta y}\right)\mathrm{sinc}\left(\frac{z-z_m}{\Delta z}\right)\frac{\mathrm{d}x\mathrm{d}y\mathrm{d}z}{\Delta x\Delta y\Delta z}$$

$V_{k,l,m}$为低通滤波器,其截频是

$$f_{\max} = \frac{1}{2\max\left(\left|\dfrac{\partial\tau}{\partial x}\right|\Delta x, \left|\dfrac{\partial\tau}{\partial y}\right|\Delta y, \left|\dfrac{\partial\tau}{\partial z}\right|\Delta z\right)} \tag{2.2.8}$$

这里以算子假频为例,讨论假频滤波器的设计。为了消除算子假频,沿偏移轨迹求和的样点应满足 Nyquist 采样准则(Gray,1992,2001;Lumley,2001;Abma,1999;Zhang,2001)。

Gray(1992)最早提出了输入数据通过与孔径有关的低通滤波器滤波的方法,但这种方法不仅耗费存储空间,而且只能处理低频段的假频。Lumley(1994)在总结前人方法的基础上,提出了三角滤波去假频技术。该方法在精度上优于方形滤波器(Hale,1991),虽然计算效率等同于 Gray 的方法,但是可以处理高频通带内的所有假频,下面是其具体实现。

根据 Nyquist 定律,不产生假频的最大频率为

$$f_{\max} \leqslant \frac{1}{2\Delta t} = \frac{1}{2p\Delta\rho} = \frac{1}{2\frac{\partial t}{\partial\rho}\Delta\rho} = \frac{v^2}{2\Delta\rho}\left(\frac{\rho_s}{t_s} + \frac{\rho_r}{t_r}\right)^{-1} \tag{2.2.9}$$

其中,v 是成像点均方根速度;p 为水平射线参数;$\Delta\rho$ 为道间距;如图 2.2.10 所示,s 为炮点,g 为检波点,M 为中心点,O 为成像点在地面的投影,ρ_s 为炮点到成像点的距离,ρ_r 为成像点到检波点的距离。

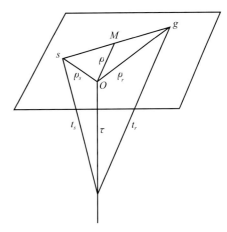

图 2.2.10 Lumley 三维反假频空间关系图(Lumley,1994)

这里 $\Delta\rho$ 的计算方式较为关键,Lumley(1994)给出 $\Delta\rho = \sqrt{(\Delta x\cos\theta)^2 + (\Delta y\sin\theta)^2}$,其中,$\Delta x$,$\Delta y$ 分别为输入数据线方向(inline)和点方向(crossline)的道距;θ 是算子梯度的方位角。该方法使用标量记录 ρ_s,ρ_r,在低速和大偏移距情况下,$\frac{\partial t}{\partial\rho}$ 的计算误差较大,使远偏移距有效信号遭到严重破坏。Abma(1999)对 Lumley 方法进行改进,ρ_s,ρ_r 改为矢量,ρ 为成像点地面坐标到炮点与检波点中心点 M 处矢量表示,$\Delta\rho = \max(\Delta x\cos\theta, \Delta y\sin\theta)$,则(2.2.9)式变为

$$f_{\max} \leqslant \frac{1}{2\rho\max(\Delta x\cos\theta, \Delta y\sin\theta)} \tag{2.2.10}$$

针对这一不产生假频的最大频率,设计三角滤波器,其 Z 变换如下:

$$g(z) = \frac{-z^{-k-1} + 2 - z^{k+1}}{(k+1)^2(1-z)(1-z^{-1})} \tag{2.2.11}$$

滤波器的长度为 $N = 2k+1$。

其振幅谱的表达式为

$$A(\omega) = \frac{\sin^2(\omega\Delta t(k+1)/2)}{\sin^2(\omega\Delta t/2)} \tag{2.2.12}$$

(2.2.12)式在以下频率上会出现陷频

$$f_n = \frac{\omega_n}{2\pi} = \frac{n}{(k+1)\Delta t}, \quad n = 1, 2, \cdots \tag{2.2.13}$$

取第一个陷频为最大频率,代入式(2.2.9)得到三角滤波器的长度为

$$N \geqslant \max \left(\frac{4 \Delta \rho \left(\dfrac{\rho_s}{t_s} + \dfrac{\rho_r}{t_r} \right)}{v^2 \Delta t}, 1 \right) \tag{2.2.14}$$

仔细分析式(2.2.12)可以看出,分子是一个 Laplace 算子,分母除了系数$(k+1)^2$ 外,$1/(1-z)$ 和 $1/(1-z^{-1})$ 分别是正反积分算子。因此滤波就是先对输入道相继进行正反两次积分,然后用 Laplace 算子进行平滑的过程。

图 2.2.11 是一简单模型脉冲响应测试,图 2.2.11(a)未进行反假频处理,图 2.2.11(b)进行 Lumley 反假频。对比处理前后可以看到,反假频后的脉冲响应高倾角成分被滤除。

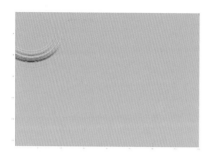 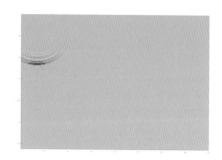

（a）未进行反假频处理　　　　　　　　　　　　（b）Lumley反假频处理

图 2.2.11　反假频效果对比图

3. 叠前时间偏移保幅处理

地震勘探一直追求对地下岩性信息的直接勘探,即希望通过地震数据能够直接反映储层特征,如岩性、流体含量及孔隙度等。地震波在传播过程中受到很多因素的影响,如扩散损失与非弹性衰减等,这些都将导致地震波的振幅发生畸变。常规叠前时间偏移并没有对上述因素进行校正,从而使得根据未校正的地震记录估计出的振幅随偏移距变化(AVO)参数产生严重误差,不能准确地描述储层特征。保幅偏移是克希霍夫偏移的一种特殊形式,它消除了几何扩散等因素对地震数据的影响,使地震波振幅得到很好的恢复,从而使偏移结果更为真实的反映地下界面的反射系数。保幅偏移有力地促进了储层成像的准确性和储层特征的保真性,为随后的各种属性分析及参数反演提供了高质量的输入数据。

在提升克希霍夫叠前时间偏移精度方面,许多学者做了大量研究工作。Schneider(1978)推导出了常速介质下保幅权函数的简单表达式;Bleistein(1987)给出了基于 Beylkin 行列式(描述了地面积分坐标到地下成像坐标之间的转换关系)的权函数;Keho 和 Beydoun(1988)将经典克希霍夫偏移理论进行扩展,利用 WKBJ 射线理论格林函数计算保幅权函数;Bortfeld(1989)发表了关于几何射线原理的奠基性理论,为真振幅的理论研究提供了有力的工具;Schleicher 等(1993)导出的保幅权函数采用隐相法对积分的渐近估算得到,并且在计算时采用两次动力学射线追踪,一次从震源点到成像点,另一次从成像点到接收点,它们主要由几何扩散因子、余弦因子组成;Hanizsch(1997)对比分析 Bleistein 等提出的保幅权函数,给出了进一步的简化公式;Dellinger 等(2000)提出了一种适用于均匀介质的简单实用的保幅权函数；Zhang 等(2000)推到了 $v(z)$ 介质共炮或共偏移距道的权函数及其在均匀介质中简化形式；Seongbok Lee 等(2004)研究指出 $v(z)$ 介质中常速近似的保幅权函数得不到准确的 AVO 响应，通过进一步改进余弦因子的精度可以获得更精确的振幅变化趋势；Chirstoph(2003)讨论了地表起伏情况克希霍夫叠前偏移权系数的计算问题；张宇等(2006)详细讨论了克希霍夫真振幅偏移中的反射率函数。

真振幅偏移是正演模拟的逆问题。正演问题可以描述如下：给定一个零时刻($t=0$)在 $x_s=(x_s,y_s,0)$ 的激发源，声波场 p 满足如下的声波方程：

$$\left(\frac{\omega^2}{v^2}+\frac{\partial^2}{\partial z^2}+\Delta\right)p(x;\omega)=-\delta(x-x_s) \tag{2.2.15}$$

其中，$\Delta=\dfrac{\partial^2}{\partial x^2}+\dfrac{\partial^2}{\partial y^2}$ 是 Laplace 算子；$x=(x,y,z)$。我们在地面的检波点 $x_r=(x_r,y_r,0)$ 记录到反射信号 Q：

$$Q(x_r;x_s;\omega)=p(x_r;\omega) \tag{2.2.16}$$

地震偏移可以定义为这样的反问题：给定地震波记录 $Q(x_r;x_s;\omega)$ 和一个背景速度 $v(x)$，我们希望重新构建地下的反射系数 $R(x)$。如果把反射系数看成一个一般的复函数，它由两部分组成：相位和振幅。传统的偏移技术是定性的，只满足于得到地下反射的位置，即相位信息。而真振幅偏移则要求偏移后剖面上的振幅也有一定的物理意义(张宇，2006)。

对于克希霍夫偏移，可以写出如下的偏移反演公式：

$$R(x)=c\int w(x,\xi)\mathrm{e}^{\mathrm{i}\omega\phi(x,\xi)}Q(x_r(\xi),x_s(\xi),\omega)\times H(\omega)\mathrm{d}\omega\mathrm{d}\xi \tag{2.2.17}$$

其中，$x_s(\xi)$ 和 $x_r(\xi)$ 分别表示炮点和检波点；$\xi=(\xi_1,\xi_2)$ 是两者之间的参数坐标。例如，对于共炮检距偏移，炮点与检波器点之间的矢量 $h=(h_x,h_y)$ 是固定的，$\xi=(x_m,y_m)$ 定义为炮点和检波点的中点，于是

$$x_s=(x_m-h_x/2,y_m-h_y/2),\quad x_r=(x_m+h_x/2,y_m+h_y/2)$$

(2.2.17)式中的 $H(\omega)$ 是一个和维数有关的滤波器，既改变相位又改变频谱

$$H(\omega)=\begin{cases}\mathrm{i}\omega\\\sqrt{|\omega|}\mathrm{e}^{\mathrm{i}\pi/4\mathrm{sign}\omega}\\|\omega|\end{cases} \tag{2.2.18}$$

为了保证偏移后的反射位置是准确的，需要精确地计算式(2.2.17)中的双程走时 ϕ：

$$\phi(x,\xi)=\tau(x_s;x)+\tau(x;x_r) \tag{2.2.19}$$

其中，$\tau(x,y)$ 是从 x 点到 y 点的走时函数，满足程函方程：

$$|\Delta\tau|^2=\frac{1}{v^2} \tag{2.2.20}$$

为了简便，记 $\tau_s=\tau(x_s;x)$ 和 $\tau_r=\tau(x;x_r)$。对传统的偏移技术来说，走时(2.2.19)式求准了，偏移的任务就基本达成了。而真振幅偏移则要求要适当地选取

(2.2.17)式中的积分权函数 w,以保证偏移结果中振幅与反射率的对应。

Bleistein(1987)等研究表明,权函数有如下表达式:

$$w(x,\xi) = \frac{|h(x,\xi)|}{A(x,x_s)A(x_r,x)|\Delta(\tau_s + \tau_r)|^2} \tag{2.2.21}$$

其中,$A(x,y)$是在观测点 x 接收到的从 y 发出的声波振幅,满足输运方程

$$2\nabla\tau \cdot \Delta A + A\Delta\tau = 0 \tag{2.2.22}$$

$$h(x,\xi) = \det\begin{bmatrix} \nabla(\tau_s + \tau_r) \\ \dfrac{\partial}{\partial\xi_1}\nabla(\tau_s + \tau_r) \\ \dfrac{\partial}{\partial\xi_2}\nabla(\tau_s + \tau_r) \end{bmatrix} \tag{2.2.23}$$

称为 Beylkin 行列式,它描述了地面积分坐标到地下成像坐标之间的转换关系。记 θ 为成像点处射线的反射角,由于

$$\nabla(\tau_s + \tau_r) = \frac{2\cos\theta}{\boldsymbol{v}}\boldsymbol{v} \tag{2.2.24}$$

$\boldsymbol{v}$ 是一个单位向量。据此,de Hoop 给出了 Beylkin 行列式的一个更简洁的表达:

$$h(x,\xi) = \left[\frac{2\cos\theta}{\boldsymbol{v}(x)}\right]^3 \left|\frac{\partial V}{\partial\xi_1} \times \frac{\partial V}{\partial\xi_2}\right| \tag{2.2.25}$$

所以,(2.2.21)式又可以改写为

$$w(x,\xi) = \frac{2\cos\theta}{\boldsymbol{v}(x)} \frac{\left|\dfrac{\partial V}{\partial\xi_1} \times \dfrac{\partial V}{\partial\xi_2}\right|}{A(x,x_s)A(x_r,x)} \tag{2.2.26}$$

(2.2.17)式~(2.2.23)式是一组非常普通的反演公式。Hanitzsch(1997)对几种常用的偏移方法给出了进一步的简化公式。假设背景速度只与深度有关,即 $v=v(z)$。这时可以显式地表达出(2.2.13)式中的振幅项(张宇,2006)

$$A_s = \sqrt{\frac{v_0 v}{\cos\alpha_{s0}\cos\alpha_s\psi_s\sigma_s}}, \quad A_r = \sqrt{\frac{v_0 v}{\cos\alpha_{r0}\cos\alpha_r\psi_r\sigma_r}} \tag{2.2.27}$$

其中,$v_0 = v(0)$是地表速度;α_{s0} 和 α_{r0} 分别是从炮点和检波点射出的射线在地表处与垂直方向的夹角;α_s 和 α_r 分别是从炮点和检波点射出的射线在地下点处与垂直方向的夹角。由于背景速度只是深度的函数,射线永远在同一个平面内行进,在(2.2.27)式中,ψ_s 和 σ_s 可以理解为从炮点出发的射线沿着传播面和垂直于传播面的球面扩散振幅。它们可以由下面的公式来计算:

$$\psi_s = \int_0^z \frac{v(\iota)}{\cos^3\alpha_s(\iota)}\mathrm{d}\iota = \frac{\partial\rho_s}{\partial p_s}, \quad \sigma_s = \int_0^z \frac{v(\iota)}{\cos\alpha_s(\iota)}\mathrm{d}\iota = \frac{\rho_s}{p_s} \tag{2.2.28}$$

其中,$p_s = \sin\alpha_s/v(z)$;$\rho_s = \sqrt{(x-x_s)^2 + (y-y_s)^2}$。$\psi_r$ 和 σ_r 也类似地定义为从检波点出发的射线沿着传播面和垂直于传播面的球面扩散振幅。而考虑常速介质,可以得到

(2.2.26)式的简化表达式如下：

$$w = \frac{t}{2V_{\text{rms}}}\left(\frac{t_s}{t_r} + \frac{t_r}{t_s}\right)\left(\frac{1}{t_r} + \frac{1}{t_s}\right) \tag{2.2.29}$$

本书采用(2.2.29)式得简化形式进行保幅叠前时间偏移计算。

2.2.2 叠前时间偏移在深水海域的应用实例

我们将保幅叠前时间偏移方法用于深水海域地震资料的偏移处理。图 2.2.12 是常规算法的克希霍夫叠前时间偏移的偏移剖面，图 2.2.13 是经过保幅处理的克希霍夫叠前时间偏移剖面。与常规算法得到的偏移剖面对比可以看出，经过保幅处理的偏移在凹陷处的能量得到补偿，而且浅层的能量也得到了一定的增强。

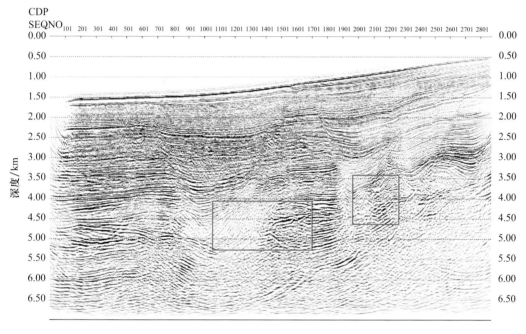

图 2.2.12 常规算法的偏移剖面

1. 偏移距域 CIG 远偏移距影响

图 2.2.14 是通过偏移距域 CIG 生成技术得到的 CIG001 道集。图 2.2.15 ～ 图 2.2.17 是三种不同程度的 CIG 远偏移距切除方式。图 2.2.18 是未通过 CIG 远偏移距切除的偏移剖面，可以看到剖面上有很多的噪声影响，而图 2.2.19 ～ 图 2.2.21 是通过上述三种不同程度的 CIG 远偏移距切除后得到的偏移剖面，这三种方式都能够在一定程度上压制剖面上的噪声，但是同时也减弱了有效信号的能量。

通过对比可以看出，第二种远偏移距切除方式较为合理，得到的结果也最为理想，表明在克希霍夫叠前时间偏移 CIG 的远偏移距切除技术中，要注意以下两点：其一是对于

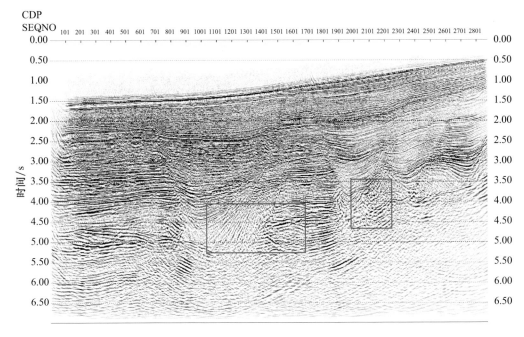

图 2.2.13　有效保幅方法的偏移剖面

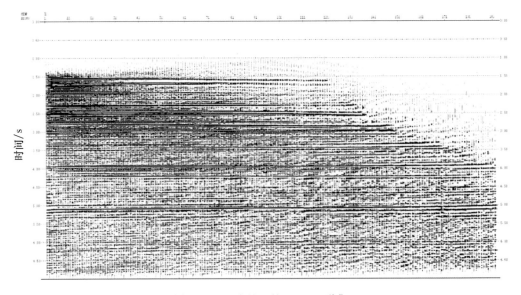

图 2.2.14　未处理的 CIG001 道集

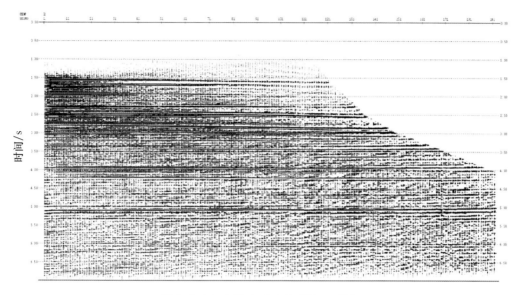

图 2.2.15 切除方式 1 的 CIG001 道集

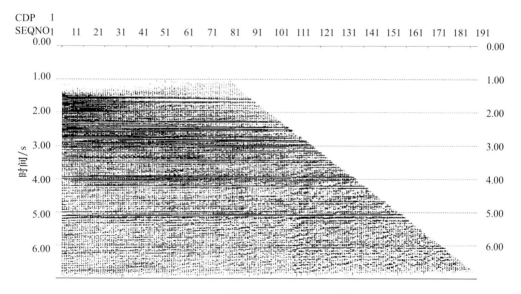

图 2.2.16 切除方式 2 的 CIG001 道集

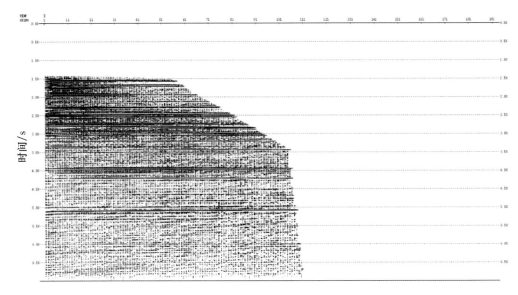

图 2.2.17　切除方式 3 的 CIG001 道集

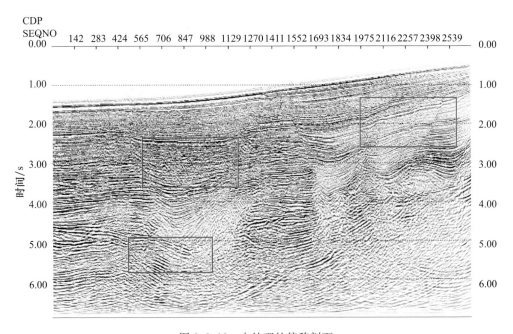

图 2.2.18　未处理的偏移剖面

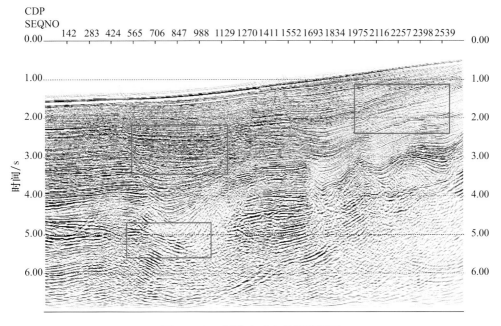

图 2.2.19 切除方式 1 的偏移剖面

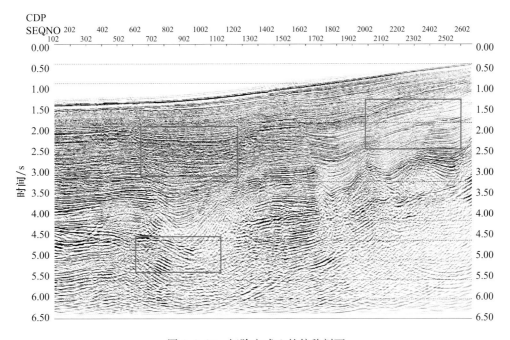

图 2.2.20 切除方式 2 的偏移剖面

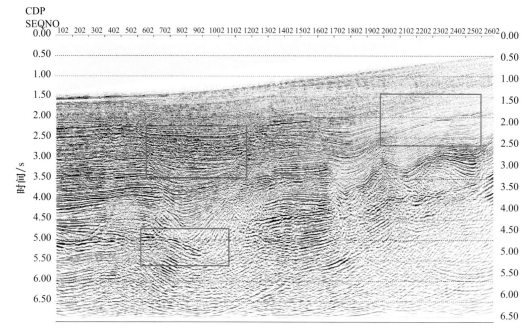

图 2.2.21　切除方式 3 的偏移剖面

远道无法拉平的部分要尽可能切除;其二是要尽量保留有效信号,即连续性同相轴。

2. 三维海上资料叠前时间偏移实例

通过各种参数的合理调试,利用非均质性介质三维保幅克希霍夫叠前时间偏移方法对某三维海洋实际地震资料进行了偏移成像,得到了 Inline 和 Crossline 方向的剖面。

图 2.2.22 是常规方法的 Inline 方向偏移结果,图 2.2.23 是通过有效保幅方法的 Inline 方向偏移结果。图 2.2.24 是图 2.2.22 的局部放大,图 2.2.25 是图 2.2.23 的局部放大。图 2.2.26 是图 2.2.22 和图 2.2.23 的放大对比图。

从偏移剖面整体上看,底部成像效果相对较差,这是由于原始资料的深层信号本身较弱造成的,而对比常规方法的偏移剖面与经过振幅处理的偏移剖面可以看出,经过振幅处理的叠前偏移方法对深层能量进行补偿,进而得以反映深层的一些层位构造信息。而通过放大对比图可以看出,经过保幅处理的叠前时间偏移方法能够有效地提高成像结果的精确性,能够展示常规偏移剖面所不具备的、更为丰富的地层和构造信息。

2.2.3 叠前时间偏移的应用前景分析

本章主要介绍了叠前时间偏移的基本原理和算法,具体分析了叠前时间偏移的参数选择和效果对比,并利用一些实例展示了叠前时间偏移在深水区域的成像效果。

近些年来,叠前时间偏移的技术方法已经越发成熟,已有国内外多家地球物理处理公司和计算中心进行叠前时间偏移处理,很多公司还把叠前时间偏移作为常规处理软件加入到常规处理流程中,使之成为常规处理的重要内容。叠前时间偏移技术之所以受到如

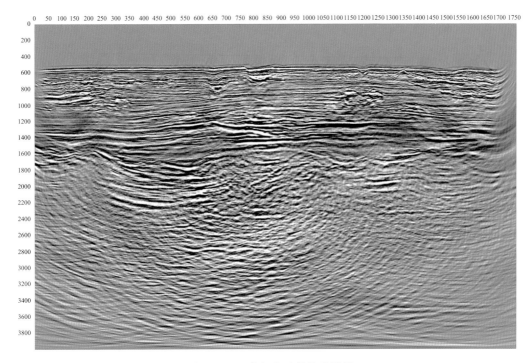

图 2.2.22 常规方法的偏移结果

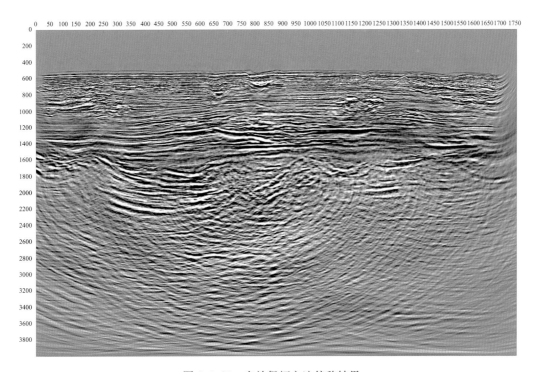

图 2.2.23 有效保幅方法偏移结果

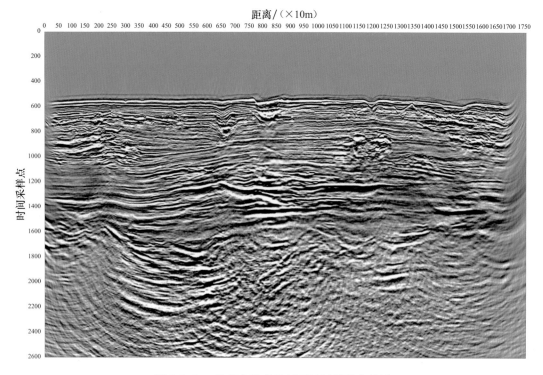

图 2.2.24　常规方法偏移剖面的局部放大结果

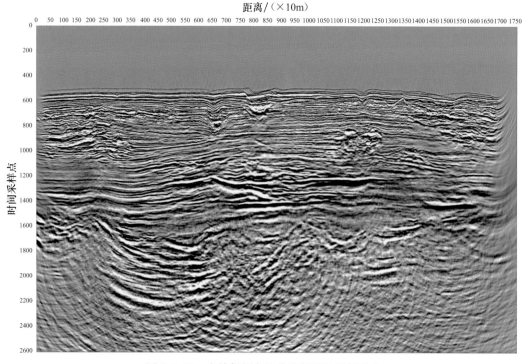

图 2.2.25　有效保幅方法偏移剖面的局部放大

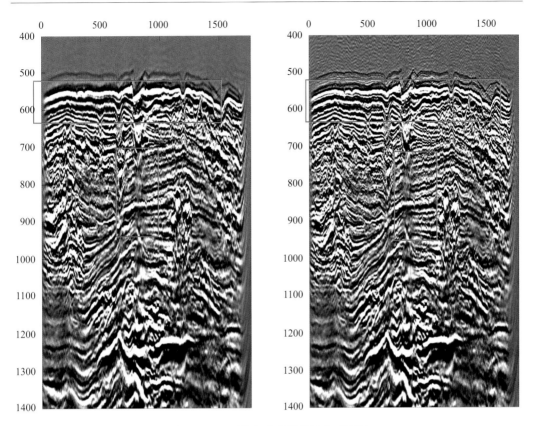

图 2.2.26　两种方法的局部放大对比图

此的重视和关注,主要是因为这种技术相对叠后时间偏移和叠前深度偏移技术有其独特的优势。叠前时间偏移相对叠前深度偏移而言,对偏移速度场无过高的要求,假设条件少,经对常规法进行简单的改进使之能够适应中等横向变速的介质,由此可以满足大多数探区的精度要求;相对叠后时间偏移来说,更适用于复杂构造,对目的层和储层的成像有较好的保幅性,所得结果能够更好地进行属性分析、AVO/AVA/AVP 反演和其他参数反演。在进行深度域速度建模的过程当中,叠前时间偏移剖面还为深度域层位的画取提供可靠的依据,比直接在动校正叠加剖面上画取层位更加可靠。由此可知,叠前时间偏移仍然是实际生产工作的必要的步骤和主要的环节。叠前时间偏移在未来的应用前景也非常可观。

第 3 章　基于射线理论的叠前深度域偏移成像

地震叠前深度偏移的概念早在 20 世纪 70 年代中期就已提出,但由于叠前记录的信噪比较低,偏移处理必需的初始速度模型又很难选准,加之当时的计算机无法承受叠前深度偏移较大的计算量,直到 90 年代叠前深度偏移才开始尝试应用于油气勘探地震数据的精细处理中。叠前深度偏移可以分为基于射线理论的方法和基于波动理论的方法,本章主要介绍基于射线理论的方法。常见的基于射线理论的叠前深度偏移方法可以分为两类:一类是建立在克希霍夫积分方程原理上的方法,该方法扫描波路径上所有可能的成像点并进行叠加,根据同相增强不同相削弱的原理实现偏移成像;另一类是基于动力学射线追踪和旁轴近似原理的高斯束偏移方法,高斯束偏移方法求取波动方程在射线邻域内的高频近似解,该方法从理论上可以证明其偏移精度高于克希霍夫方法。其中,3.1 节简要介绍克希霍夫叠前深度偏移方法,3.2 节介绍高斯束叠前深度偏移方法。

3.1　克希霍夫积分方程偏移理论与深水海域地震成像实践

克希霍夫积分法叠前深度偏移被认为是一种高效实用的叠前深度偏移方法,该方法具有偏移角度高、无频散、占用资源少和实现效率高的特点,并且积分法能够适应变化的观测系统和起伏的地表,优化的射线追踪法能够在速度场变化的情况下快速准确地计算绕射波和反射波旅行时,从而使积分法能够适应复杂的构造成像。克希霍夫叠前深度偏移的精度较高,计算效率很快,对深度域速度模型精度的要求也不苛刻,所以该方法被大多数地震数据处理人员所喜爱,在深水油气地震成像中成为常用的方法。

3.1.1　克希霍夫积分方程偏移理论及算法的建立

克希霍夫叠前深度偏移属于射线追踪类的深度域偏移方法,这种方法的依据是:绕射时距曲线的顶点是成像射线在地面的出射点(陆基孟,2006)。所以在该点的射线方向是已知的,即垂直出射到地面。经常规时间偏移后,点绕射的能量已收敛并放在这个位置,如图 3.1.1 所示中的 A 点。如果绕射点 P 的上覆地层存在倾斜界面,则对于点 P 的水平坐标是有偏差的。如果已知速度分布(即地层结构)、射线的方向、该道的旅行时,就可以用反向追踪原理,顺着成像射线向地下逐层追踪,找到它的源,也就是绕射点的位置。

克希霍夫积分法就是以上述思想为基础建立起来的叠前深度偏移方法。它符合 Snell 定律,遵从波的绕射、反射和折射定律。Schneider(1995)等都曾提出基于常速拟层状介质假设的克希霍夫偏移方法,即采用均匀介质中的格林函数,采用递归的方法逐层进行偏移。Keho 等(1988)认为,上述偏移方式不能很好地满足叠前偏移的需要。

因此,他们提出一种基于傍轴射线追踪技术的非递归克希霍夫叠前偏移方法,这就是目前大多数基于克希霍夫积分的叠前偏移的算法原型。该方法将地表的地震记录直接延拓至成像点,其核心是复杂介质中的旅行时计算。

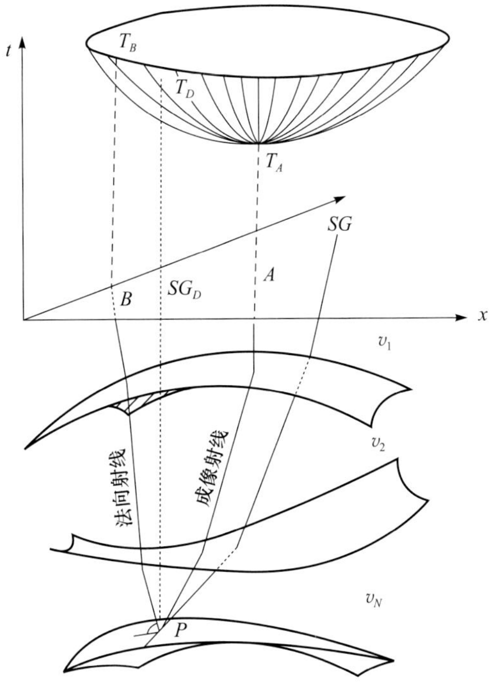

为了得到绕射叠加偏移剖面,需要计算出剖面上每个点的绕射曲线。将未偏移剖面中绕射曲线上的每个点的数据都加在一起就得到了在偏移剖面上这个点的值。如果这个点是真正的绕射曲线的顶点,则相加的结果就是与这个点有关的真正能量;如果此处只存在噪声,沿着绕射曲线的正负值基本抵消,则相加得到的结果就很小。实际上,绕射叠加偏移将未偏移剖面上的每一小段都认为是绕射的一部分,即将反射层认为是一序列距离很近的绕射点的叠加(周淼,2010)。

图 3.1.1　三维层状模型 P 点的绕射波时距曲面法向射线和成像射线(陆基孟,2006)

克希霍夫积分方程的推导与第 2 章表述相同,由格林公式出发,最终推导出的克希霍夫叠前深度偏移公式为

$$u(r,t) = -\frac{1}{2\pi}\int \mathrm{d}A_0\, \frac{\cos\theta}{Rv}\left[\frac{\partial u}{\partial t}(r_0,t)+\frac{v}{R}u(r_0,t)\right]_{t=t_0+\frac{r}{v}} \tag{3.1.1}$$

目前克希霍夫积分法叠前深度偏移基本上都是用(3.1.1)式做的,利用克希霍夫积分法进行叠前深度偏移,一般在共炮点道集上进行,在二维和三维叠前偏移中,处理方法是一致的。

第一步,将输入数据进行反假频处理,主要是针对算子假频进行滤波,通过该步骤滤除超过 Nyquist 频率的地震信号。

第二步,针对输入的地震数据,设计一个合理的偏移孔径,使得该孔径尽可能地覆盖射线的走时路径,同时又不会花费大量的计算时间。

第三步,针对每一个输入地震道数据所对应的地下成像点(该成像点是地震道数据偏移孔径内的成像点),通过合理的走时计算方程,计算炮点到成像点,成像点再到接收点的走时,结合深度域速度模型,最终定位地下真实的反射点,并将该反射点在该地震记录所对应的振幅值按照一定的比例输出,作为该点的成像值。

第四步,针对每一炮的地震数据,重复第二步和第三步的工作,并将提取的成像值求和,得到偏移剖面,就完成了一个炮集的克希霍夫叠前深度偏移。

第五步,将所有的炮道集记录都做上述四步处理后,进行按与地面点重合的记录相叠加的原则进行叠加,即完成了克希霍夫叠前深度偏移。

当然,以上五步为实现克希霍夫叠前深度偏移主要的流程,另外还有其他一些参

数的设置,如偏移孔径如何给定可参考第 2 章中克希霍夫叠前时间偏移处理参数的定义。

3.1.2　克希霍夫叠前深度域偏移在深水海域的应用实例

基于射线的克希霍夫叠前深度偏移具有灵活的目标处理能力、可接受的成像效果、较高的计算效率,以及对不规则采集数据的适应能力等特点,它在三维叠前深度偏移领域一直占主导地位。克希霍夫积分法叠前深度偏移是基于波动方程的克希霍夫积分解,在建立深度域的速度模型后,通过射线追踪或波场重建技术计算高频近似下的远场格林函数,然后由克希霍夫积分实现波场反向延拓。由于射线理论要求介质速度变化平缓,所以原则上克希霍夫积分只能用于速度缓变介质。对于复杂构造的地震资料,克希霍夫偏移很难得到精确的成像结果,近年来,学术界和工业界都对克希霍夫偏移提出了一些改进方案,尤其对偏移成像效果影响很大的一些参数进行了深入的研究和讨论,使得克希霍夫偏移成像的效果得到很大的改善。

这里以一条海上的二维线为例,利用 Geodepth 软件建立了相对准确的深度域速度模型,再通过目标线偏移实验,确定了适当的偏移孔径、旅行时算法、反假频处理等,最终得到了相对准确的深度偏移成像剖面。图 3.1.2～图 3.1.4 分别为动校正叠加剖面、克希霍夫叠前时间偏移剖面、克希霍夫叠前深度偏移剖面。

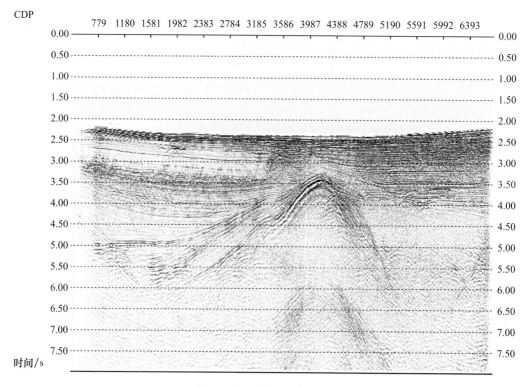

图 3.1.2　动校正叠加剖面

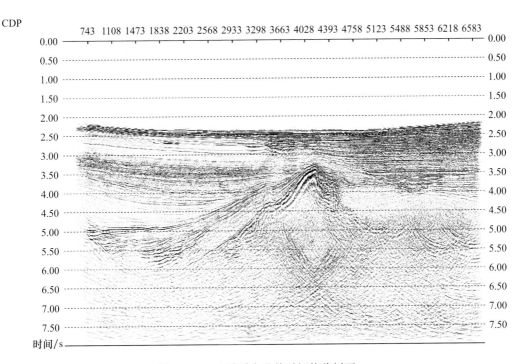

图 3.1.3 克希霍夫叠前时间偏移剖面

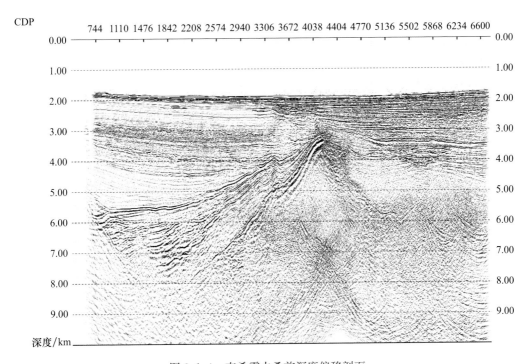

图 3.1.4 克希霍夫叠前深度偏移剖面

3.2　高斯束偏移理论与深水海域地震成像实践

3.2.1　高斯束偏移理论的建立

高斯束方法是在动力学射线追踪和旁轴近似方法的基础上发展而来的,是波动方程在射线邻域内的高频近似解,其波形在射线的垂向平面内呈高斯函数衰减而得名(Kachalov,Popov,1981;Cerveny et al.,1982)。高斯束方法由于本身数值的特点,能在焦散区能保持稳定,并且能量呈束状分布,因此可以避免费时的两点间的射线追踪,能够高效地计算复杂区域的波场(Cerveny,1982;Cerveny,Psencik,1983;Cerveny,1985;George et al.,1987;Porter,Bucker,1987)。在将高斯束用于偏移成像中也会涉及不同计算策略的选择问题。不同的计算策略之间的计算效率差别很大。同时,初始参数的选择也直接影响着计算效率和成像效果。

高斯束理论的应用最早在 20 世纪 40 年代中研究激光在空气中的传播。80 年代,Popov、Cerveny 等在渐近射线理论(asymptotic ray theory)的基础上,提出并完善高斯束在非均匀各向异性介质中传播的理论基础。90 年代,高斯束方法开始用于地震偏移成像。Hill(1990)首先给出了叠后高斯束偏移的方法和初始参数的选取;Hale(1992a,1992b)讨论了将射线中心坐标系向笛卡儿坐标系映射的算法,并采用了粗网格递归的高效算法;Alkhalifah(1995)将叠后高斯束偏移发展到了各向异性介质的处理中;Hill(2001)给出了共偏移距域的叠前高斯束偏移方法,并采用了最陡降速法近似求解复值振荡函数积分,化简了射线参数的二重积分,提高了计算效率,同时,由于该方法是在共偏移距域内计算的,所以也能处理大部分多波至的问题;Gray(2005)讨论了不同的炮域的高斯束偏移算法,并将 Hill 的高效算法应用至共炮域,同时保留处理多波至问题的优势,一定程度上提高了该算法的适用性;Gray 和 Bleistein(2009)及 Popov 等(2010)讨论了高斯束偏移算法的保幅问题;Popov 等(2010)重新讨论了高斯束偏移方法,更直接地采用高斯束叠加的方法计算格林函数,提出了高斯束叠加(Gaussian beam summation)偏移方法;岳玉波等(2012)将高斯束偏移应用于起伏地表的资料处理中。

高斯束是波动方程集于射线邻域内的高频近似解。在射线中心坐标系中,波动方程简化为抛物型方程,并由此导出动力学射线追踪方程组。具体推导可参见相关文献(Cerveny,1982)。如图 3.2.1 所示,τ 是射线的旅行时,n 是射线中心坐标系沿射线所经过的路程,s 是射线沿法线方向的距离。高斯束波场在射线中心坐标系下表示为如下形式:

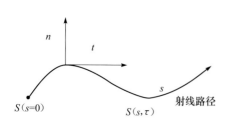

图 3.2.1　射线中心坐标

$$u(s,n) = \sqrt{\frac{v(s)}{Q(s)}}\exp\left\{\mathrm{i}\omega\left[\tau(s) + \frac{1}{2}\frac{P(s)}{Q(s)}n^2\right]\right\}$$

$$(3.2.1)$$

其中 $u(s,n)$ 表示高斯束波场,如图 3.2.2(a) 所示。其实部即为高斯束波场是空间的分布,如图 3.2.2(b) 所示。$P(s)$,$Q(s)$ 是动力学射线追踪辅助公式。图 3.2.3 表示仅用一个高斯束得到的叠后偏移,也可表示为沿着中心射线传播的高斯束波场在直角坐标系的空间分布特征。

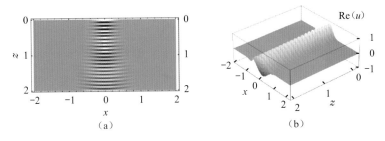

图 3.2.2 高斯束波形(Norman,2009)

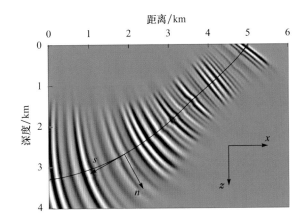

图 3.2.3 高斯束波形(Hale,1992)

1. 高斯束的数值计算

表征射线路径的 $\tau(s)$ 由以下动力学射线追踪方程计算得出

$$\frac{\mathrm{d}x(s)}{\mathrm{d}\tau} = v^2(s)p_x(s)$$

$$\frac{\mathrm{d}z(s)}{\mathrm{d}\tau} = v^2(s)p_z(s)$$

$$\frac{\mathrm{d}p_x(s)}{\mathrm{d}\tau} = -\frac{1}{v(s)}\frac{\partial v(x,z)}{\partial x}$$

$$\frac{\mathrm{d}p_z(s)}{\mathrm{d}\tau} = -\frac{1}{v(s)}\frac{\partial v(x,z)}{\partial z} \tag{3.2.2}$$

其中 $v(s)$ 表示射线路径上某点沿射线方向运动的速度。

动力学射线追踪的辅助参数 $P(s)$,$Q(s)$ 可由方程(3.2.3)计算得出

$$\frac{\mathrm{d}Q(s)}{\mathrm{d}\tau} = v^2(s)P(s)$$

$$\frac{\mathrm{d}P(s)}{\mathrm{d}\tau} = -\frac{1}{v(s)}\frac{\partial^2 v(s)}{\partial n^2}Q(s)$$

$$P(s_0) = \frac{\mathrm{i}}{v(s_0)}$$

$$Q(s_0) = \frac{\omega_r w_0}{v(s_0)} \tag{3.2.3}$$

其中,ω_r 表示参考频率;w_0 表示高斯束的初始宽度;s_0 表示射线的出射的初始位置。值得注意的是,Popov(2010)的公式中给出的 P 和 Q 的初始值不同,不过也同样是表征的是高斯束的初始宽度。给定了初始条件,(3.2.2)式和(3.2.3)式可由 Runge-Kutta 法计算得到。

2. 高斯束的物理特性和空间分布特征

将(3.2.1)式改写成

$$u(s,n) = \sqrt{\frac{v(s)}{Q(s)}}\exp\left\{\mathrm{i}\omega\tau(s) + \frac{\mathrm{i}\omega}{2v}K(s)n^2 - \frac{n^2}{L^2(s)}\right\}$$

$$K(s) = v(s)\mathrm{Re}\left(\frac{P(s)}{Q(s)}\right)$$

$$L(s) = \sqrt{\frac{\omega}{2}\mathrm{Im}\left(\frac{P(s)}{Q(s)}\right)} \tag{3.2.4}$$

(3.2.4)式中,$K(s)$表示相前面曲率;$L(s)$表示有效半束宽;$u(s,n)$表达式的指数部分中$\frac{\mathrm{i}\omega}{2v}K(s)n^2$ 表示沿中心射线切向方向的相前面呈现弯曲;$-\frac{n^2}{L^2(s)}$表示振幅沿中心射线垂向方向衰减,如图 3.2.4 所示。

从(3.2.4)式可看出:波场在高斯束垂向平面内呈高斯函数衰减,其有效能量在沿着垂向方向内的半束宽 $L(s)$ 内,其波束宽度同初始宽度有关,初始宽度越小,波束能量发散越快。

若高斯束初始宽度较小,高斯束在出射点附近较窄,但高斯束的宽度增长会较快;若高斯束初始宽度较大,高斯束在出射点附近较宽,但宽度的增长则会比较缓慢。这个特性表示高斯束的初始宽度将直接影响到整个波场的计算效率和精度,有关初始参数的讨论在相关文献(Cerveny,1982;Hill,1990,2001;Popov et al.,2010)均有详细讨论并给出了各自不同的参考公式,可依据不同计算效率和成像精度的考虑选取不同的初始值。

高斯束方法是基于射线理论,因此将其用于偏移算法中同克希霍夫积分算法相似,均利用成像点格林函数的积分成像,不同的是格林函数的计算方法。Hill 在 1990 年最早

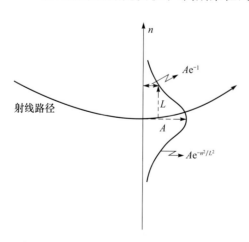

图 3.2.4　射线垂向切面(Cerveny,1982)

给出了叠后的高斯束偏移方法,在此基础上,发展了一系列的高斯束偏移算法。

3. 高斯束叠后偏移理论公式

首先介绍 Hill(1990)的叠后偏移理论:

$$u(\vec{x}, \vec{x_s}, \omega) = -\frac{1}{2\pi} \int d\vec{x} \frac{\partial G^*(\vec{x}, \vec{x_r}, \omega)}{\partial z_r} u(\vec{x_s}, \vec{x_r}, \omega) \tag{3.2.5}$$

式中,$u(\vec{x}, \vec{x_s}, \omega)$ 表示反向延拓的地震波场;$\vec{x_s}$ 表示震源点位置;$\vec{x_r}$ 表示接收点位置;$G^*(\vec{x}, \vec{x_r}, \omega)$ 表示地下成像点与地表接收点的格林函数的共轭;$u(\vec{x_s}, \vec{x_r}, \omega)$ 表示接收点接收到的波场。

$$G(\vec{x}, \vec{x_r}, \omega) \approx \frac{i\omega}{2\pi} \int \frac{d\vec{p_r}}{p_{rz}} u_{GB}(\vec{x}, \vec{x_r}, \vec{p_r}, \omega) \tag{3.2.6}$$

是格林函数的利用高斯束积分的表达式。其中,$\vec{p_r}$ 表示接收点的射线参数;$u_{GB}(\vec{x}, \vec{x_r}, \vec{p_r}, \omega)$ 表示从地表 $\vec{x_r}$ 出发以射线参数 $\vec{p_r}$ 射出中心射线的高斯束波场。

最终的成像结果 $u(\vec{x}, \vec{x_s}, t=0)$ 可表示为

$$I_0(\vec{x}) = \int d\omega u(\vec{x}, \vec{x_s}, \omega) \tag{3.2.7}$$

但由于 $u_{GB}(\vec{x}, \vec{x_r}, \vec{p_r}, \omega)$ 在接收点 $\vec{x_r}$ 处的波前曲率为零,Hill 参照将平面波展开为高斯束叠加的方法,引入校正因子将束中心位置附近的接收点的波场以不同的射线参数校正相位和振幅,使高斯束积分在接收点平面能够近似等于接收点的波场。将校正后的地震记录代入(3.2.5)~(3.2.7)式,得到叠后的高斯束偏移的表达式:

$$I_0(\vec{x}) = -\frac{\sqrt{3}}{4\pi} \left(\frac{\omega_r a}{w_0}\right)^2 \sum_L \int d\omega \int d\vec{p_r} u_{GB}^*(\vec{x}, L, \vec{p_r}, \omega) \times D_s(L, \vec{p_r}, \omega) \tag{3.2.8}$$

$$D_s(L, \vec{p_r}, \omega) = \left|\frac{\omega}{\omega_r}\right|^3 \int \frac{d\vec{x_r}}{4\pi^2} D(\vec{x_r}, \omega) \times \exp\left[i\omega \vec{p_r} \cdot (\vec{x_r} - L) - \frac{\omega}{\omega_r} \frac{|\vec{x_r} - L|^2}{2w_0}\right] \tag{3.2.9}$$

其中,L 表示束中心射线的出射点位置;ω_r 表示参考频率;a 表示束中心间隔;w_0 表示高斯束的初始宽度;$u_{GB}^*(\vec{x}, L, \vec{p_r}, \omega)$ 表示以束中心位置 L 出射的射线参数为 $\vec{p_r}$ 的高斯束传播到地下成像点的波场,可由(3.2.1)式计算得到;$D_s(L, \vec{p_r}, \omega)$ 表示在束中心位置 L 附近的地震记录,相位校正并振幅加权叠加的波场,其表示的物理意义是在束中心位置 L 附近的地震记录以高斯束叠加的表达形式。

Hill 的偏移方法示意图如图 3.2.5 所示,依据(3.2.8)式,Hill 的方法可以相对稀疏的选取束中心点出射射线,仅需确定窗大小以及高斯束中心间隔,便能确定高斯束的数量,并不需要针对每一个接收点位置射出射线,计算效率能大幅提高。

Popov 等(2010)提出的利用高斯束叠加得到的叠后偏移的方法同 Hill 的方法不同,其格林函数的计算利用的是从地下成像点向接收器表面出射高斯束,并计算接收器在各个射线中心坐标系中的位置,得到不同地震道对地下成像点的贡献,累加得到最终的成像结果,如(3.2.10)式所示:

$$G_{GB}(\vec{x}, \vec{x}_r, \omega) = \int_0^\pi d\theta \int_0^{2\pi} d\varphi \Phi(\theta, \varphi, \omega) U_{GB}(s, n; \theta, \varphi, \omega) \qquad (3.2.10)$$

其中，$\Phi(\theta, \varphi, \omega)$ 表示的是从地下成像点出射的不同的高斯束的起始值；$U_{GB}(s, n; \theta, \varphi, \omega)$ 表示接收点在射线中心坐标系中的位置关系得到的时间和振幅加权因子。Popov 的叠后偏移方法如图 3.2.6 所示。由于采用了更少的假设近似，理论上该方法成像效果更好，但是由于需要从地下各个成像点均出射高斯束，计算量比 Hill 的方法大很多。该叠后偏移方法是 Popov 高斯束叠加方法的核心，也是叠前高斯束叠加偏移方法的基础。

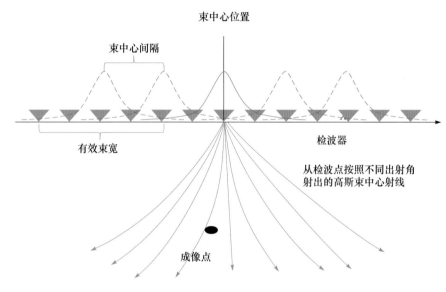

图 3.2.5　Hill 方法的高斯束叠后偏移示意图

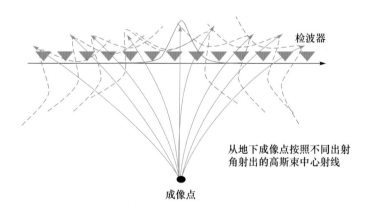

图 3.2.6　Popov 方法的高斯束叠后偏移示意图

　　图 3.2.7 为高斯束叠后偏移的单道高斯束响应。其接收点在图中三角箭头位置，在 $t = 3.2s$ 有一子波，其单道响应是规则的以接收点为圆心的圆弧。

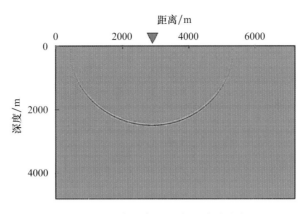

图 3.2.7 高斯束叠后偏移单道响应

4. 高斯束叠前偏移理论公式

Hill(2001)将高斯束叠后偏移推广为高斯束叠前偏移,其炮域的表达式为

$$I_0(\vec{x}) = -\frac{1}{2\pi}\int d\omega \int d\vec{x}_s \int d\vec{x}_r \frac{\partial G^*(\vec{x},\vec{x}_r,\omega)}{\partial z_r} \cdot G^*(\vec{x},\vec{x}_s,\omega) \cdot D(\vec{x}_r,\vec{x}_s,\omega) \quad (3.2.11)$$

其中,$G^*(\vec{x},\vec{x}_r,\omega)$,$G^*(\vec{x},\vec{x}_s,\omega)$分别表示的是从接收点到成像点的格林函数和从成像点到震源点的格林函数,表达式(3.2.11)也是其他叠前偏移方法的理论基础。将格林函数的表达式(3.2.6)代入(3.2.11)式中:

$$I_0(\vec{x}) = -\frac{1}{8\pi^3}\int d\omega\, i\omega \int d\vec{x}_s \int d\vec{x}_r$$

$$\times \int \frac{d\vec{p}_s}{p_{zs}} U_{GB}^*(\vec{x},\vec{x}_s,\vec{p}_s,\omega) \int d\vec{p}_r U_{GB}^*(\vec{x},\vec{x}_r,\vec{p}_r,\omega) \cdot D(\vec{x}_r,\vec{x}_s,\omega) \quad (3.2.12)$$

其中 $D(\vec{x}_r,\vec{x}_s,\omega)$ 的计算方式同(3.2.9)式相似。当然,也有不同的计算格林函数的方法,如 Popov 等(2010)的就与 Hill 的不同。图 3.2.8 是简单地将高斯束叠后偏移推广为炮

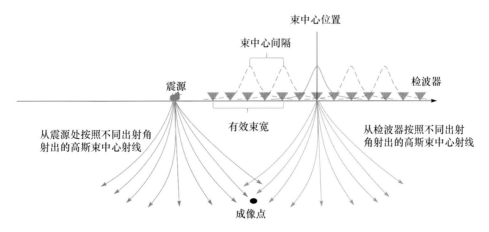

图 3.2.8 Hill 高斯束叠前偏移示意图

域的叠前偏移的示意图,其物理意义是表示从震源点发射出的高斯束与从接收点出发射出的高斯束共同作用与成像点。

Popov 等(2010)的叠前高斯束叠加偏移的可表示为

$$I_0(\vec{x}_0) = \int \mathrm{d}t_0 U^D(\vec{x}_0, t_0; x_s) U(\vec{x}_0, t_0) \tag{3.2.13}$$

$$U^D(\vec{x}, t; x_s) \cong \frac{1}{\pi} \mathrm{Re} \int_0^\infty \mathrm{d}t \mathrm{e}^{-i\omega t} f_F(\omega) G_{\mathrm{GB}}(\vec{x}, x_s; \omega) \tag{3.2.14}$$

$$U(\vec{x}_0, t_0) = -2 \int_{t_0}^T \mathrm{d}t \int_{z=z_0} \mathrm{d}\vec{x} U^{(0)}(\vec{x}, t) \frac{\partial}{\partial z} G_{\mathrm{GB}}(\vec{x}, t; \vec{x}_0, t_0) \tag{3.2.15}$$

Popov 等的叠前高斯束叠加偏移采用了在时间域互相关成像条件,其中 $U^D(\vec{x}, t; x_s)$ 表示 Direct wavefield,$U(\vec{x}_0, t_0)$ 表示 Backward wavefield。如图 3.2.9 所示,$U^D(\vec{x}, t; x_s)$ 表示由源点向地下成像区域出射的高斯束波场,$U(\vec{x}_0, t_0)$ 表示由地下成像点向接收点表面出射的高斯束波场。由于其成像条件在时间域中实现,而高斯束波场同频率有关,所以该方法需要采用时间域的高斯束波场的表达式。同样地,由于采用了更少的假设近似,Popov 的高斯束叠加偏移理论上成像效果更好,但是计算量更大。

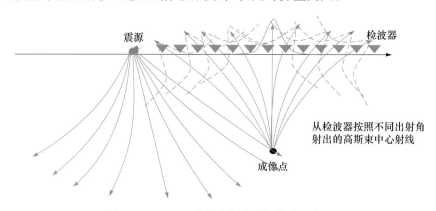

图 3.2.9   Popov 叠前高斯束叠加偏移示意图

图 3.2.10 为高斯束叠前偏移单道相应,其偏移距为 1896m,在 $t = 3.2$s 时有以子波及其单道相应应为接收点和震源点为焦点椭圆型圆弧。

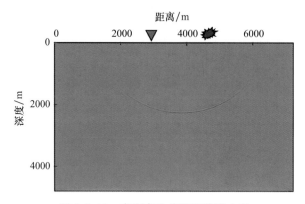

图 3.2.10   高斯束叠前偏移单道响应

3.2.2 高斯束偏移算法的建立

本节主要讨论叠前高斯束偏移算法,以下提及的高斯束偏移算法均指叠前算法。由于高斯束本身的"束"的物理特性,使之成像算法有多种实现方式,其主要有 Hill 最早提出的共偏移距域的算法,Gray 在之基础上扩展的炮域的算法,2010 年 Popov 提出的新的高斯束叠加算法。本章节详细讨论以上三种主要算法的实现流程并分析其特点,在此基础上,本节还将讨论一种新的算法——炮域全波至高斯束偏移优化算法。

1. 共偏移距域高斯束偏移算法(Hill,1990,2001)

Hill 在 1990 年首先提出了叠后高斯束偏移算法,在 2001 年推广为叠前高斯束偏移成像算法,其算法核心部分是利用最陡降速法求解有关二维射线参数的复值振荡函数积分,将二维积分化简为一维积分,提高了计算效率,并利用在共偏移域内实现大部分多波至的成像。其算法流程如图 3.2.11 所示。

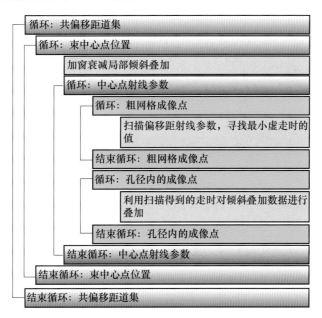

图 3.2.11 共偏移距高斯束叠前算法流程图(Hill,2001)

在 Hill(1990,2001)的论文中对该算法的初始参数有详细讨论,该算法计算效率高,并且能实现大部分多波至的成像问题。如图 3.2.12 所示,中心点射线参数 p^m,偏移距射线参数 p^h,震源点射线参数 p^s,接收点射线参数 p^d 的换算关系可表述成

$$p^m = p^d + p^s$$
$$p^h = p^d - p^s$$
$$p^s = \frac{p^m - p^h}{2}$$
$$p^d = \frac{p^m + p^h}{2} \tag{3.2.16}$$

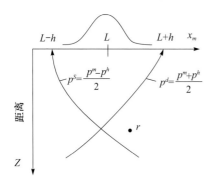

图 3.2.12　共偏移距域射线
参数(Hill,2001)

该算法利用最陡降速法求解有关二维射线参数的复值振荡函数积分,其核心目的是寻找一组射线(从源点出射和从接收点出射的)距离成像点的虚时间最小,也就是垂向距离最近的一组射线为渐近近似解的成像贡献,如图 3.2.13 所示,粗线条的一组射线距离成像点最近,即粗线条的一组射线对该成像点的贡献最大,由于是在共偏移距域计算,因此可以计算大部分多波至成像。但该方法采用的最陡降速法求解的复值振荡函数积分的本质是利用了稳态相位近似的方法,Hill 也在论文中指出,他的公式仅能保证运动学特征,振幅不完全准确,只能是形成结构成像,Gray 和 Bleistein(2009)重新讨论了采用最陡降速法近似的高斯束,并提出了真振幅高斯束偏移。但 Popov 等(2010)又指出这种采用稳态相位近似的方法仅适合于频率足够大的情况,而高斯束是有限频率的解,不能形成完整意义上的真振幅偏移。但采用此近似解后,该算法计算效率高,内存要求小,构造成像也满足大部分的成像要求(除属性分析要求外),因此,该算法在实际生产资料的处理中更受欢迎。

该算法必须在共偏移距域里才能实现部分多波至的成像,由于实际资料观测系统较复杂和不规则,这就限制了该算法的适用性。在此基础上,Gray 发展了共炮域的高斯束偏移算法。

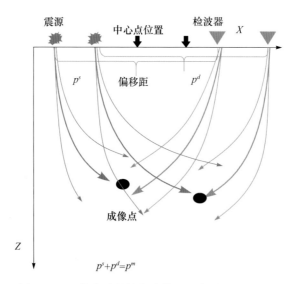

图 3.2.13　共偏移距域偏移算法示意图(Hill,2001)

2. 炮域高斯束偏移算法(Gray,2005)

Gray 在 Hill 的基础上,利用(3.2.12)式的关系,将共偏移距域算法转换为可以实现部分多波至的炮域算法,同时,也利用最陡降速法简化有关射线参数的积分,同 Hill 算法具有相同的计算效率。其算法流程如图 3.2.14 所示。

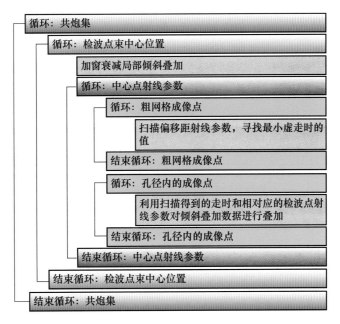

图 3.2.14 炮域高斯束偏移算法流程图(Gray,2005)

图 3.2.15 是该算法的示意图,表征的也是一组对成像点贡献最明显的射线(粗射线)。该算法是在 Hill 的基础上修改策略发展得到,同 Hill 的算法具有相同的成像精度和计算效率,同样能处理部分多波至成像,比 Hill 算法对观测系统规范性的要求更低,具有炮域处理方法的优势。但是它需要在某一检波点位置上所有炮的 p^d 同时可用,这将意味着在同一偏移孔径内,所需偏移的数据越大,内存需求越高,三维情况下该问题更加突出。

3. 高斯束叠加偏移算法(Popov et al.,2010)

Popov 等(2010)重新从格林函数推导出发,采用更加准确的方式利用高斯束计算格林函数,提出了高斯束叠加(Gaussian beam summation)算法。其算法具体实现流程如图 3.2.16 所示。

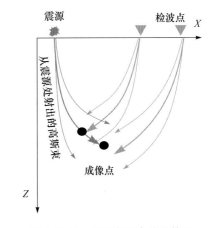

图 3.2.15 炮域高斯束偏移算法示意图(Gray,2005)

图 3.2.17 是高斯束叠加偏移算法的示意图,对比图 3.2.11 和图 3.2.13。同 Hill 算法相同的是:计算炮点波场时,均是从炮点位置为射线的出射点,以不同的角度向成像空间射入中心射线,计算成像点与中心射线的位置关系,从而获得该束对成像点的贡献,如此循环叠加所有束的贡献,得到炮点波场。同 Hill 算法不同的是:Hill 的算法在计算检波点波场时是将高斯束的出射点放在与检波器平面上,并对在初始宽度内的地震道数据做衰减整形、倾斜叠加分解成不同角度的平面波,当成不同出射角的高斯束的初始值,将中心射线射入成像空间,计算成像点与中心射线的位置关系,获得该束对成像点的贡献,

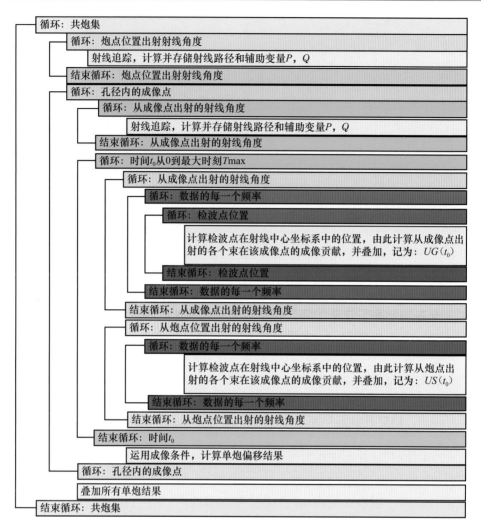

图 3.2.16　高斯束叠加偏移算法流程图(Popov et al. ,2010)

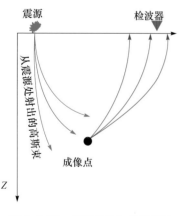

图 3.2.17　高斯束叠加偏移算法
示意图(Popov et al. ,2010)

如此循环叠加所有束的贡献,得到检波点波场值。而 Popov 的算法在计算检波点波场时,将地下成像点当作射线的出射点,以一定的初始宽度和角度向检波器平面射出,计算出各检波器位置与该束的中心射线位置关系,相应得到各检波器地震道对地下该点的贡献,叠加获得检波点波场。Popov 指出,由于理论上近似性假设更少,该算法理论更严谨,没有对地震道数据的衰减整形近似,理论上成像更精确,更容易实现真振幅偏移,虽然计算效率比 Hill 优化算法低,但容易实现并行计算,属于粗粒度算法,并行加速比成线性增加;同时,可以很容易的适应不同的观测系统,如 VSP 或 Cross-well 资料的处理;由于对成像点的计算循环层次最高,因此能够快速地实现针对特定目标区域的成像。

Popov 的算法可以利用并行计算加速,将成像区域划分为各个子区域,利用不同的进程计算不同的成像区域,并利用 MPI(message-passing interface)传递各子进程所需的数据。但是这只是加速单炮计算速度,若资料的总炮数一定,计算核心数一定,对所有炮的偏移计算总时间将不会减少,并且节点间的信息传递量同所需偏移的总炮数和子区域的个数的乘积成正比。由于每个成像点均向接收器平面射出射线,总的计算量很大。在 Popov 给出的计算实例中,成像网格数为 10 000×1000,接收道为 10 001 道,每道 2000 个采样点,采样间隔为 5ms,其单炮数据计算利用 16 个 CPU 处理器核心时,需 10 950s。由于加速比成线性,即单炮单 CPU 处理器核心约需要 48.67h。此算法的计算效率限制了该算法运用于实际资料处理中。但从另外一个角度来讲,该算法只用于针对具体目标的高精度成像。

4. 叠前炮域全波至高斯束偏移优化算法

本书在 Hill(2001)的基础上,提出叠前炮域全波至高斯束偏移优化算法。本算法求取从炮点出射的全部高斯束和从检波点出射的全部高斯束对地下成像点的贡献并累加,优化循环算法,建立统一的旅行时和振幅加权表,其算法流程如图 3.2.18 和图 3.2.19 所示。

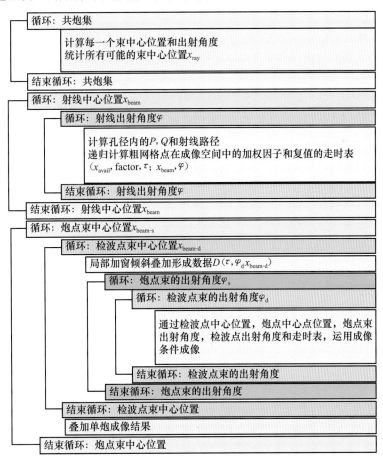

图 3.2.18 炮域全波至高斯束偏移优化算法流程图

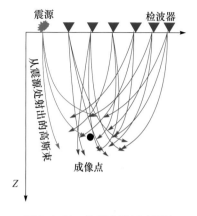

图 3.2.19　炮域全波至高斯束
偏移优化算法示意图

本算法主要步骤为三步:步骤一,扫描观测系统,找出所有可能的炮点高斯束和检波点高斯束的中心点位置和出射角度,并且对高斯束中心点位置进行编号得到 x_{beam} 和 φ。步骤二,在不同的束中心点位置 x_{beam} 以不同的出射角 φ 射出高斯束中心射线,并以粗网格递归的方式计算射线附近区域的振幅加权因子 factor 和旅行时 τ,并且只对振幅有效区域进行计算(其中计算笛卡儿坐标系中网格点与射线路径的位置关系时,采用圆球分段递归方式,其算法详见相关文献(Hale,1992))。通过步骤二,可以计算出成像空间有效成像点的旅行时和振幅加权因子表 Table(x_{avail}, factor,τ;x_{beam},φ)。步骤三,依照步骤二计算出来的旅行时和振幅加权因子表,采用成像条件(如互相关成像条件、反褶积成像条件等),叠加所有炮点的高斯束和检波点高斯束对 x_{avail} 的贡献,即能得到最终的成像结果。

本算法优点是:如图 3.2.18 所示,本算法采用是叠加所有炮点高斯束和检波点高斯束的贡献,而并非是寻找贡献最大的高斯束,因此能够实现全波至成像;只计算所有可能的射线和角度,因此减少了不必要的循环计算;本算法采用 Hale(1992)的计算策略递归计算振幅有效区域和笛卡儿坐标系中的网格点同射线路径的位置关系,能提高计算效率;本算法大部分的计算是粗粒度,其实最为费时的是旅行时和振幅加权因子表的计算,此部分的计算可以利用 CPU 或并 GPU 并行加速,将射线位置或者射线角度划分为各个子域进行计算,此部分不需要任何数据通信,加速比应成线性增加。本算法带来的计算额外开销是:需存储旅行时和振幅加权因子表,因此增加了一部分内存需求,不过由于并非是存储全部的成像点的旅行时和振幅加权表,只是针对振幅有效区域进行计算,并且采用粗网格插值的方法,所以内存也能得到有效控制。

将本算法同其他算法从成像精度和计算效率方面作对比:同 Gray(2005)提到的简单将叠后高斯束偏移扩展到叠前炮域的全波至高斯束算法相比,同样是全波至算法,所以成像精度一致,但由于采用优化循环结构,计算效率较之高;同 Hill(2001)和 Gray(2005)采用最陡降速法简化复值振荡函数积分的共偏移距域或炮域算法的相比,由于采用的是全波至算法,成像精度理论上较之高,但不只利用贡献最大的高斯束叠加成像,而是叠加全部高束的成像贡献,所以计算效率较之稍低;同 Popov 等(2010)的炮域高斯束叠加偏移算法相比,因为采用了 Hill 的偏移方法,对地震道做衰减整形近似,成像精度理论上较之稍低,但只计算在接收器和炮点平面内的所有可能的高斯束中心射线,而不是计算所有炮点平面和所有成像空间内所有的高斯束中心射线,射线数量少很多,所以计算效率较之有明显优势,也同样适用于 CPU 或 GPU 并行计算加速。

3.2.3　高斯束叠前深度域偏移在深水海域的应用实例

将叠前炮域全波至高斯束偏移优化算法用于 Marmousi 模型数据和某海域实际资料

的处理中。图 3.2.20 为 Marmousi 纵波速度模型,图 3.2.21 为 Marmousi 模型资料采用叠前炮域全波至高斯束优化偏移算法成像结果,图 3.2.22 为某海域实际资料的其中两炮的记录,图 3.2.23 为某海域实际资料的采用叠前炮域全波至高斯束优化偏移算法所得的成像结果,图 3.2.24 为该实际资料采用叠前逆时偏移成像结果。

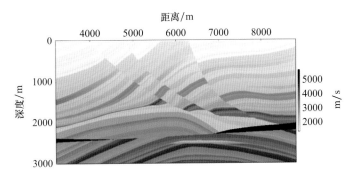

图 3.2.20　Marmousi 纵波速度模型

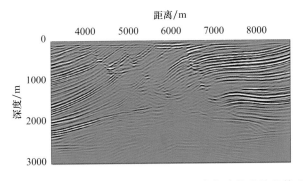

图 3.2.21　Marmousi 模型资料采用炮域全波至高斯束偏移优化算法成像结果

　　如图 3.2.21 所示,成像结果层位归位正确,同相轴清晰,验证了本算法的有效性,但同 Hill 的结果和 Popov 的结果相比,深层成像效果还有差距,这与程序实现有关,由于高斯束偏移代码和偏移参数的选取较为复杂,需要花足够的时间和经验来提高成像效果,而我们也在努力提高结果的精度,这仅与代码实现有关,而这里我们关注的重点是算法策略,因此若有较好的基础程序,也很容易采用我们的算法策略。在运用到实际资料的处理中,由于该海域实际资料地质模型较为简单,没有明显的褶皱带,本算法的成像效果很好。如图 3.2.23 和图 3.2.24 所示,本算法所得到的偏移结果明显比叠前逆时偏移成像结果频率更好、分辨率更高、相位更真实、细节更丰富、反射轴更为连续、整体成像效果较好。

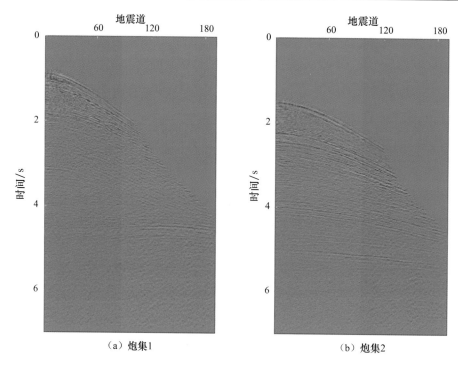

（a）炮集1 （b）炮集2

图 3.2.22 某海域实际资料单炮道集

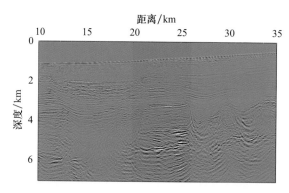

图 3.2.23 某海域实际资料采用叠前炮域全波至高斯束优化偏移算法成像结果

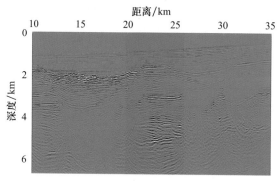

图 3.2.24 某海域实际资料采用叠前逆时偏移成像结果

第4章 基于波动理论的叠前深度域偏移成像

地震波偏移成像的目的是为了获得精确的地下构造。在地震勘探研究领域,偏移方法是地下构造成像的有效手段。第 3 章介绍的基于射线理论的克希霍夫(Kirchhoff)偏移方法仅利用了地震波场的高频信息,成像精度尚存不足。基于波动理论的偏移方法利用了地震波场的全部频率信息,能够在一定程度上解决射线和走时类方法中因照明度和成像角度不足带来的问题。随着油气勘探行业的发展,勘探目标瞄准复杂构造,推动了基于波动理论的叠前深度偏移方法的发展。从严格意义上讲,通过积分法求解波动方程得到的克希霍夫偏移(Schneider,1978)也应该属于波动方程偏移,但这种方法通过地震波旅行时来对波场求和,所以通常只是将偏微分方程有限差分解实现的波场延拓方法称为基于波动理论的偏移。基于波动理论的叠前深度偏移可分为两大类:一是单程波波动方程偏移方法;二是双程波波动方程偏移方法,即波动方程逆时偏移方法。在计算效率上,由于波动方程偏移方法采用了地震波全部有效频率参与计算,在实际操作中还需要大量补零,以保持算法的稳健和减小噪声,这些处理必然造成计算量的增加。而克希霍夫偏移方法则可以通过波路径定向技术(Schuster,1999;Liu and Sen,2009)在绕射求和的时候丢弃对成像贡献过小的绕射信息,减少计算量。上述原因加剧了射线类和波动类偏移方法在计算效率上的差异。

波动方程逆时偏移的主要问题在于它对速度模型极为敏感,在当前偏移建模技术并不十分成熟的情况下,无论是克希霍夫偏移方法还是波动方程偏移方法都需要对速度场进行平滑,这使得波动方程偏移方法在理论上的精度优势无法得到体现。随着偏移速度建模技术的日臻完善和高性能计算的普及,波动方程偏移的优势将得到逐步体现。

波动方程逆时偏移算法的构建离不开波动方程的正演计算,为了更好地理解波动方程逆时偏移算法原理,本章将从波动方程的正演计算出发,并利用黏弹性介质的基本概念,介绍黏弹性介质的几种构建方法和黏弹性介质属性、广义标准线性黏弹性体,论述各向同性介质的黏弹性波简化方程及其数值计算。

综上所述,本章主要介绍黏弹性波动方程的正演数值计算、双程波波动方程偏移方法原理、算法的改进,以及深水油气地震成像的实践。

4.1 波动方程正演数值计算

地震波在地球介质中传播时,常常会伴有能量的吸收和衰减(瑞克,1981;Blanch,1995)。以往对地震波传播的模拟一般采用声波和弹性波方程,假定地球介质是理想的弹性体(冯德益,1988;Berkhout,1983,1987;Carcione,2002;常旭,2008),忽略了地震波的吸收和衰减,因此不能反映真实的地震波在地球介质中的传播现象。为了更好地研究和探索地震波在地球介质中的传播,需要采用基于黏弹性介质建立的波动方程来进行模拟。

构建黏弹性介质波动方程的方法很多,最常见的是在本构关系中加入黏滞系数,这种黏弹性体模型一般利用弹簧和减震器的不同组合而形成(Robertsson,1994)。其中最有代表性的是广义标准线性黏弹性体,它是由几组标准线性黏弹性体并联而成。和弹性介质不同,黏弹性介质的应力张量依赖于应变张量的历史(Carcione,1988,1993;Robertsson,1994)。

由于黏弹性介质更加接近真实的地球介质,基于黏弹性介质的地震波场正演数值模拟,能够帮助我们更好地了解地震波的传播规律,为黏弹性波偏移和反演打下理论基础,从而进一步提高地震勘探的技术水平。黏弹性波正演数值模拟方面有不少学者进行了一些研究和探索,主要代表学者有 Carcione 和 Robertsson 等。黏弹性波方程一般是通过在本构关系中引入黏性参数,这样得到的方程比较适用和便于数值计算。黏弹性波正演数值模拟方法很多,有伪谱法、有限差分法、有限元法、边界元法等,其中有限差分法方便灵活,不受模型的限制(范祯祥,1994;马在田,1989,1997;牟永光;2005;孙卫涛;2009;李世雄;2001)。黏弹性波有限差分法数值模拟面临的一个主要问题就是频散,它的来源主要有两个方面:一是由于黏弹性介质本身引起的固有频散;二是由于有限差分方法引起的频散(Carcione,1988,1993;Robertsson,1994)。频散除了和黏弹性介质本身构成有关,还和地震波速度、时间步长、空间步长、震源主频、品质因子等因素有关,合理选择搭配好这些参数,能有效降低频散程度。

目前基于各向同性的黏弹性波方程主要以 Carcione 和 Robertsson 给出的方程为主,它们各有特点,但都不够简洁。本书正是在这样的背景下,给出了黏弹性波简化方程,并对地质模型进行了黏弹性波正演数值模拟。

4.1.1　黏弹性介质基本原理

黏弹性介质是地震学以及连续介质力学、材料力学和生物力学的重要内容。从地球科学的范畴看,相关的理论与应用研究涵盖于地球圈层结构和成分探测、石油天然气能源勘探、天然地震预报、岩石与岩土力学,以及环境及工程力学等领域之中。相关理论及其方法技术在消除大地滤波效应,提高地震剖面分辨率,改进地震资料质量等方面的应用,极大地促进了地震学的发展。黏弹性介质模型及其地震波传播的基本理论也是孔隙介质等其他复杂介质模型及其地震波传播理论与应用的重要基础。

介质的黏弹性普遍存在。石油天然气、天然气水合物和水等各种资源的人工地震勘探、岩石圈乃至地球圈层构造的探测、环境工程勘察、高新材料的测试等各种领域中,地震波或弹性波的传播规律及特点均与介质的黏弹性有密切关系。黏弹性介质及其地震波的传播理论及应用始终是需要人们予以关注和发展的重要问题。在 20 世纪 80 年代以后,黏弹性介质的理论方法在能源及工程地震勘探中的实际应用,极大地推动了勘探地震学理论及其应用的发展。

自 Stokes 首次研究黏弹性介质及其地震波传播以来,相关的理论和应用研究得到了长足发展。黏弹性介质是介于黏性介质和弹性介质之间的一种介质(Stokes,1845)。黏弹性介质的特性分布在一个较宽的范围,有些黏弹性介质的特性靠近黏性流体介质,如

Maxwell 黏弹性介质;有些黏弹性介质的特性状态,既与介质自身材质有关,也与介质的围质条件,如温度、压力等因素有关。成岩前的岩浆是黏性流体,成岩后的岩浆则是弹性固体;但在高速撞击下,岩石与流体几乎没有差异。黏弹性介质理论与应用研究有着特殊的地位并发挥着不可或缺的作用。

弹性介质的基本性质是完全弹性。完全弹性介质的应变是可逆的,当瞬时的外力去掉后弹性介质完全恢复受力前的状态。完全弹性介质不需要考虑介质形变与温度、压力因素的相互影响。从弹性波动力学角度讲,应变与应力是瞬时关系,某一时刻的应力与该时刻的应变成比例关系。应变的可逆性表明形变过程进行得十分缓慢,每一时刻固体都处于准平衡状态。固体内部各个位置都处于同一温度条件。因此在弹性介质中没有考虑形变场与温度场,以及压力场的互相影响问题,或者说没有考虑机械运动与热运动的耦合问题。

黏性介质的基本性质是非弹性。非弹性性质主要表现在:随着时间变化,介质有发生永久形变的特点,牛顿给出了黏性流体介质的典型描述。对于某些固体即使在小应变状态下,这些固体介质也具有非弹性特征。考虑固体的这种特征,可以把这样的固体称为黏弹性介质或黏弹性体。黏弹性介质与弹性介质相比更接近客观实际情况,地球的壳层介质实际上就是黏弹性介质。

地震波的能量衰减机理非常复杂,这始终是人们致力于研究并解决的问题。从传播角度考察,地震波能量的衰减整体可以分为介质因素和非介质因素两大部分。非介质因素主要指几何扩散(即球面扩散),这方面的研究比较成熟,也得到了实际观测的验证。介质因素主要包含介质的黏滞性、界面的广义散射(即波在界面上产生非均匀性所导致的散射)。简言之介质因素主要包含黏滞效应和散射效应,这方面的机理极为复杂,因而研究工作具有难度和挑战性。

4.1.2 黏弹性介质构建方法

许多因素可以制约黏弹性介质的模型。例如,各向同性和各向异性,均匀性和非均匀性,线性黏弹性和非线性黏弹性,以及单相固体介质和多相孔隙介质。本书仅限于各向同性和线性黏弹性介质。获得黏弹性介质的本构关系是构建黏弹性介质的关键。黏弹性介质构建主要有器件组合法和累积积分法。器件组合法可以得到时间域微分形式的本构关系,累积积分法可以得到时间域积分形式的本构关系。因此,黏弹性介质的本构关系主要包含微分和积分两种形式,两者具有本质的一致性。固体弹性和流体黏性器件是最基本的器件单元,如图 4.1.1 所示。Maxwell 黏弹性单元体由一个固体弹性单元体与一个流体黏性单元体串联组成,如图 4.1.2 所示。Kelvin 黏弹性单元体由一个固体弹性单元体与一个流体黏性单元体并联组成,如图 4.1.3 所示。通过固体弹性和流体黏性器件的多种形式的串联、并联和混联则可以得到线性黏弹性体以及标准线性黏弹性体。Boltzmann 黏弹性介质是累积积分法构建的典型模型。累积积分法基于总应力(或总应变)是各阶段应变(或应力)所引起的应力(或应变)的线性叠加的思想。"累积的记忆特性"反映的应力与应变关系可以涵盖较为复杂的应力与应变过程,其中的蠕变柔量和松弛模量就是黏弹性介质的"系统响应"。累积积分法从另一个角度提供了分析研究黏弹性介质的思路和方法,拓宽了分析研究的手段。以蠕变柔量和松弛模量为代表的知识在结构力学和材料力学等领域占有重要位并得到广泛应用(牛滨华,2007)。

固体弹性器件　　　　　流体黏性器件

图 4.1.1　固体弹性器件和流体黏性器件　　　　　图 4.1.2　Maxwell 黏弹性单元体

图 4.1.3　Kelvin 黏弹性单元体

目前比较常用的是广义标准线性黏弹性体,它是由 L 组标准线性黏弹性体并联而成,如图 4.1.4 所示。目前常常取 1 组标准线性黏弹性体来构建黏弹性介质,就可以较好地模拟地震波能量的吸收和衰减效果(Carcione,1988,1993)。标准线性黏弹性体如图 4.1.5 所示。

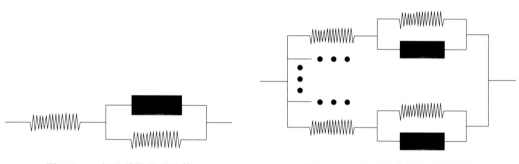

图 4.1.4　标准线性黏弹性体　　　　　图 4.1.5　广义标准线性黏弹性体

4.1.3　黏弹性介质波动方程的简化方程

黏弹性波方程的构建主要有三种思路:第一种在运动方程中加入黏滞系数;第二种在本构关系中加入黏滞系数;第三种是在运动方程和本构关系中都加入黏滞系数。常用的是在本构关系中加入黏滞系数,这样得到的黏弹性波方程便于计算和求解。对于各向同性介质,目前最具代表性的是 Carcione 1993 和 Robertsson 1994 给出的黏弹性波方程,各有特点,但都不够简洁。本书在他们的基础上,基于广义标准线性黏弹性体,给出了非均匀各向同性介质的黏弹性波简化方程。该简化方程如下:

$$
\begin{cases}
\dot{\vec{v}} = \dfrac{1}{\rho} D\vec{\sigma} + \vec{f} \\[2mm]
\dot{\vec{\sigma}} = A(\lambda_u,\mu_u)\,\vec{e}_v + \displaystyle\sum_{l=1}^{L} \vec{r} \\[2mm]
\dot{\vec{r}} = -\dfrac{1}{\tau_{\sigma l}}\vec{r} + \boldsymbol{K}\vec{e}_v
\end{cases}
\tag{4.1.1}
$$

其中 $\vec{v}=(v_x,v_y,v_z)^{\mathrm{T}}$ 为质点振动速度矢量；ρ 为密度；$\vec{\sigma}=(\sigma_{xx},\sigma_{yy},\sigma_{zz},\sigma_{xy},\sigma_{yz},\sigma_{zr})^{\mathrm{T}}$ 为应力矢量；$\vec{f}=(f_x,f_y,f_z)^{\mathrm{T}}$ 为体力矢量；$\vec{e}_v=(\dot{e}_{xx},\dot{e}_{yy},\dot{e}_{zz},\dot{e}_{xy},\dot{e}_{yz},\dot{e}_{zr})^{\mathrm{T}}$ 为速度应变矢量；$\vec{r}=(r_{xxl},r_{yyl},r_{zzl},r_{xyl},r_{yzl},r_{zrl})^{\mathrm{T}}$ 为中间变量矢量；λ,μ 为弹性拉梅常量；$\tau_{\epsilon1}^p$ 和 $\tau_{\epsilon1}^s$ 分别为 P 波和 SV 波应变弛豫时间；$\tau_{\sigma l}$ 为 P 波和 SV 波应力弛豫时间；$\begin{pmatrix}\lambda_u\\\mu_u\end{pmatrix}=\begin{pmatrix}\lambda\\\mu\end{pmatrix}-\sum\limits_{l=1}^{L}\left[\begin{pmatrix}\lambda\\\mu\end{pmatrix}-\begin{pmatrix}\tilde{\lambda}\\\tilde{\mu}\end{pmatrix}\right]$，$\begin{pmatrix}\tilde{\lambda}\\\tilde{\mu}\end{pmatrix}=\begin{pmatrix}\lambda+2\mu\\0\end{pmatrix}\dfrac{\tau_{\epsilon l}^p}{\tau_{\sigma l}}+\begin{pmatrix}-2\mu\\\mu\end{pmatrix}\dfrac{\tau_{\epsilon l}^s}{\tau_{\sigma l}}$ 为黏弹性拉梅常量矢量，$\begin{pmatrix}\tilde{\lambda}\\\tilde{\mu}\end{pmatrix}$ 是 $\begin{pmatrix}\lambda_u\\\mu_u\end{pmatrix}L=1$ 时的特例；$\begin{pmatrix}k_1\\k_2\\k_3\end{pmatrix}=\dfrac{1}{\tau_{\sigma l}}\left(\begin{pmatrix}\lambda+2\mu\\\lambda\\\mu\end{pmatrix}-\begin{pmatrix}\tilde{\lambda}+2\tilde{\mu}\\\tilde{\lambda}\\\tilde{\mu}\end{pmatrix}\right)$ 为拉梅差异系数矢量，体现了黏弹性拉梅常量和弹性拉梅常量之间的差异程度，并且有 $k_1=k_2+2k_3$；

$$\boldsymbol{K}=\begin{vmatrix}k_1 & k_2 & k_2 & 0 & 0 & 0\\ k_2 & k_1 & k_2 & 0 & 0 & 0\\ k_2 & k_2 & k_1 & 0 & 0 & 0\\ 0 & 0 & 0 & k_3 & 0 & 0\\ 0 & 0 & 0 & 0 & k_3 & 0\\ 0 & 0 & 0 & 0 & 0 & k_3\end{vmatrix}$$

为拉梅差异矩阵；

$$\boldsymbol{D}=\begin{vmatrix}d_x & 0 & 0 & d_y & 0 & d_z\\ 0 & d_y & 0 & d_x & d_z & 0\\ 0 & 0 & d_z & 0 & d_y & d_x\end{vmatrix}$$

为空间微分算子矩阵；

$$\boldsymbol{A}(\lambda_u,\mu_u)=\begin{vmatrix}\lambda_u+2\mu_u & \lambda_u & \lambda_u & 0 & 0 & 0\\ \lambda_u & \lambda_u+2\mu_u & \lambda_u & 0 & 0 & 0\\ \lambda_u & \lambda_u & \lambda_u+2\mu_u & 0 & 0 & 0\\ 0 & 0 & 0 & \mu_u & 0 & 0\\ 0 & 0 & 0 & 0 & \mu_u & 0\\ 0 & 0 & 0 & 0 & 0 & \mu_u\end{vmatrix}$$

为黏弹性物性矩阵。

拉梅差异矩阵 $\boldsymbol{K}$ 具有和物性矩阵相似的形式，与弹性、黏弹性物性矩阵之间具有特定的数量关系 $\boldsymbol{K}=\dfrac{1}{\tau_{\sigma l}}\left[\boldsymbol{A}(\lambda,\mu)-\boldsymbol{A}(\tilde{\lambda}-\tilde{\mu})\right]$，体现了黏弹性与弹性物性参数之间的差异程度，可以大大简化方程。从理论上对方程进行了计算复杂度分析，该简化方程比 Carcione 黏弹性波方程乘法运算减少了 16% 左右，加法运算取决于 L（广义线性黏弹性体由 L 组标准线性黏弹性体并联而成），从减少了 14%（$L=1$）到 50%（$L\rightarrow\infty$），同时该简化方程还具有简洁、易于编程计算、物理意义明确等优点。

4.1.4　黏弹性介质地震波场正演数值模拟

对黏弹性介质进行地震波场正演数值模拟研究,不仅有助于我们了解地震波的传播规律,而且为黏弹性波偏移和反演打下理论基础。本书主要介绍地震波场正演数值模拟相关的一些问题,如震源函数、模型边界、数值计算方法、频散等。同时介绍利用黏弹性波简化方程开展的数值模拟研究。本研究数值模拟采用了国际勘探地球物理学界给出的具有代表性的 SEG/EAGE 二维盐丘模型,同时还采用了作者提出的崎岖海底模型。

图 4.1.6 是一个简单的地震波场正演示意图,从图中可以看出,地震波在介质中传播时,会产生直达波、反射波、多次波、透射波,当然在实际复杂介质中,还可以产生折射波、面波、散射波、绕射波、回转波、回折波、导波等复杂类型的波场。

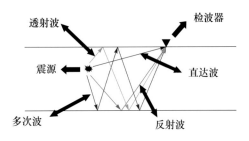

图 4.1.6　简单地震波场正演示意图

1. 震源函数

震源模拟就是在差分网格上施加震源,震源模拟的好坏及震源施加方式将直接影响模拟结果。震源模拟包括时间和空间两个方面:一种是震源时间函数,即施加力源随时间而变化;另一种是震源空间函数,即施加力源随空间而变化。从震源的作用方式来说,可以是模拟锤击的集中力源和炸药源的爆炸震源,可以是实际中难以实现的纯剪切力源,也可以是产生能量相当且没有方向效应的纯横波震源,还可以用到基于惠更斯原理的界面震源。从震源施加的物理量来说,可以施加作用力,也可以施加随时间变化的位移。

震源时间函数:在地震正演数值模拟中,一般震源时间函数采用子波形式。子波是指具有确定的起始时间和有限能量的信号,描述了震源的时间延续特征。对于地震勘探来说,子波延续的时间越短,频带越宽,地震波的垂向分辨率越高。震源时间函数常用的有 Ricker 子波和 Gauss 函数及其导数等。本书采用 Ricker 子波,如图 4.1.7 所示,其函数形式为 $f(t) = [1 - 2(\pi f_0 t)^2] \exp[-(\pi f_0 t)^2]$,其中,$f_0$ 为 Ricker 子波的主频。

震源空间函数:震源的空间模拟一般是给出一个指数衰减型空间函数,然后把该函数作为定解问题的初始条件。震源空间函数形式为 $f(x, z) = \exp\{-\alpha^2 [(x - x_0)^2 + (z - z_0)^2]\}$,如图 4.1.8 所示,其中 (x_0, z_0) 为震源中心位置。该函数是一个钟形脉冲,常数 α 的取值与脉冲宽度有关,它决定了震源脉冲在空间的衰减速度。

点震源激发的波场:在数值模拟中,点震源可以是作用在单个网格点上的集中力源,复杂震源可以通过多个网格点上的集中力源的组合形式来表达。比较常用的力源方式为集中力源、爆炸源、等能量纵横波源等。集中力源就是在计算网格的某个界点上加一个有一定时间延续的作用力。爆炸源模拟时在网格区域的多个节点上施加力源,相当于在震源点产生一径向压力,压力的方向由原点指向周围介质,介质质点的振动方向与压力作用

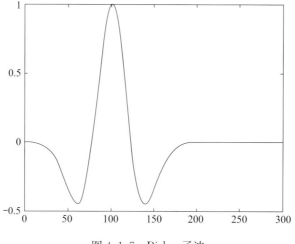

图 4.1.7　Ricker 子波

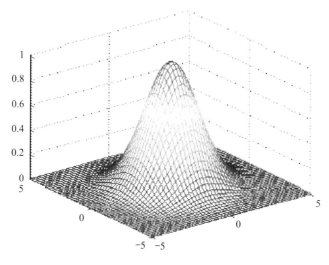

图 4.1.8　震源空间函数

方向一致,因此激发出纯 P 波。等能量震源是沿着网格内构成圆形的四点的网格线方向进行震源模拟,它的某一方向上的力是该点处横波力和纵波力的矢量和。等能量纵横波源在介质中能同时激发出能量相当的纵波和横波。

2. 吸收边界

在进行波动方程数值模拟时,考虑到计算机的有限内存及有限计算时间,要对考虑问题的无限区域进行截取,使数值模拟在有限的区域内完成,为此需要引入人工边界。但这样会在人工边界处产生人为反射,如不消除或者压制这种虚假反射,就会影响数值模拟的结果和精度。在地震波数值模拟中,常常在人工边界上使用吸收边界条件,尽可能地降低边界上产生的反射波强度,从而大大减少对计算区域内计算精度的影响。

　　从 20 世纪 70 年代后期开始,许多学者针对吸收边界做了大量工作,特别是近 20 多年来,已经发展了各种类型的吸收边界条件。目前,数值模拟中广泛使用的吸收边界有两类:海绵吸收边界条件和旁轴近似吸收边界条件。海绵吸收边界条件是指利用黏滞带边界或靠近边界的条带范围内对入射波进行衰减。旁轴近似吸收边界条件是基于单程波传播的方法原理,使所求有界区域上的解能很好地逼近原来无界区域上的解。

　　1977 年 Clayton 和 Engquist 提出的吸收边界条件,是在网格边界附近用单向波动方程模拟声波和弹性波的传播,能较好地吸收入射角在一定范围内的反射波(Clayton and Engquist,1977)。1985 年 Cerjan 等在各向同性条件下提出了一种简便实用的边界吸收方法,如图 4.1.9 所示,这种吸收边界条件是指在吸收区域内使波的振幅呈指数衰减而被吸收,从而不产生边界反射,该方法可完全推广到各向异性中去。这种方法比较简单易行,但吸收系数要凭经验选取,选取合适的吸收系数就能达到较好的吸收效果(Cerjan, 1985)。1996 年 Berenger 提出最佳匹配层(PML)吸收边界,这种方法吸收效果很好,但需要将各波场变量分裂成两部分(对 2-D 情形),这就造成了计算的不便和计算量的增加 (Berenger,1996)。

　　本书的黏弹性介质地震波正演计算采用 Cerjan 等提出的海绵吸收边界。吸收边界公式为 $P(i)=\exp\{-\alpha(I_0-i)^2\}$,其中,$I_0$ 为模型外衰减层的厚度;α 为吸收系数。

　　对海绵吸收边界,我们利用简单模型进行了一些试验分析。图 4.1.10 为简单均匀模型,模型大小 $mx \times mz = 300 \times 300$(网格),网格大小 $dx \times dz = 10m \times 10m$,时间间隔 $dt = 1ms$,震源用 Ricker 子波,主频 $fp = 30Hz$,模型边界扩充衰减层厚度 natte = 50(网格),速度 $vp = 5000m/s$,采样时间 $nt = 1s$(对于不同速度时的情形,采样时间 $nt = 1.5s$),采样间隔 nsi = 1ms,吸收边界的衰减系数 $a = 0.0001$,震源在模型中间,检波器分布在模型表面。

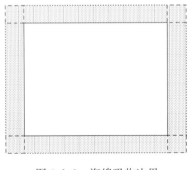

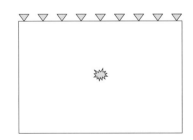

　　　　图 4.1.9　海绵吸收边界　　　　　　　　　图 4.1.10　简单均匀模型

　　图 4.1.11 显示了不同吸收边界衰减系数时的地震记录,从图中可以看出,当吸收边界衰减系数 $a = 0.0001$ 时边界吸收效果较好。图 4.1.12 显示了不同主频震源子波时的地震记录,从图中可以看出,在不同主频时,边界吸收效果都较好。图 4.1.13 显示了不同衰减层厚度时的地震记录,从图中可以看出,当取衰减层厚度 natte = 50 时就可达到较好的边界吸收效果。图 4.1.14 显示了不同速度时的地震记录,从图中可以看出,在不同速度时,边界吸收效果都较好。

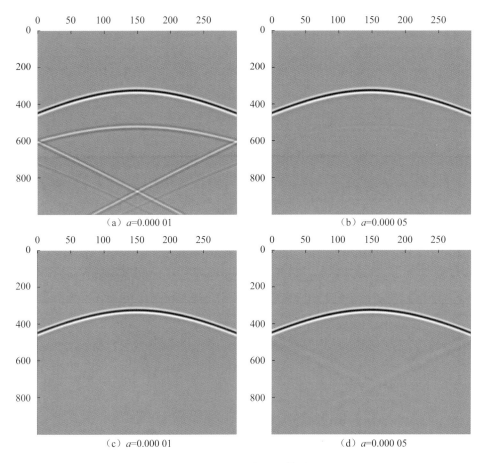

（a）a=0.000 01　　　　　（b）a=0.000 05

（c）a=0.000 01　　　　　（d）a=0.000 05

图 4.1.11　不同吸收边界衰减系数时的地震记录

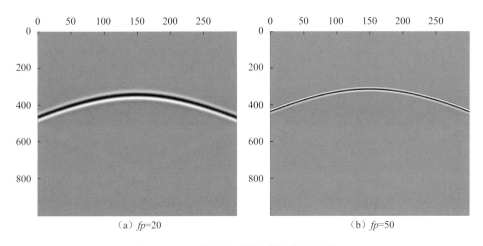

（a）fp=20　　　　　　　（b）fp=50

图 4.1.12　不同主频震源子波时的地震记录

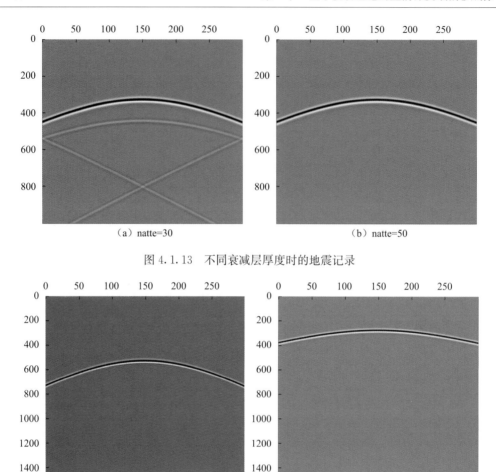

（a）natte=30   （b）natte=50

图 4.1.13   不同衰减层厚度时的地震记录

（c）vp=3000   （d）vp=6000

图 4.1.14   不同速度时的地震记录

3. 有限差分交错网格数值计算方法

地震波场正演数值模拟的计算方法有很多，如有限差分法、有限元法、边界元法、伪谱法、谱元法等，其中有限差分法方便灵活，比较常用（马在田，1997；牟永光，2005；孙卫涛，2009）。对于有限差分方法，隐格式是无条件稳定，显格式是有条件稳定，要满足一定的稳定性条件。本书主要采用交错网格有限差分方法，如图 4.1.15 所示，即将不同变量和参量放在网格不同位置上，其中空间采用四阶、时间采用二阶时计算效率较好，同时具有较好的计算精度（Carcione，1999；Virieux，1984，1986；Levander，1988）。黏弹性介质还面临一个频散问题，它的来源主要有两个方面：一是由于黏弹性介质本身引起的固有频散；二是由于有限差分方法引起的频散，通常空间频散大于时间频散（Carcione，1993；

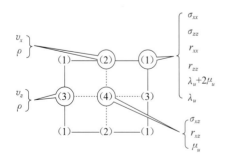

图 4.1.15   交错网格有限差分法示意图

Robertsson,1994)。频散除了和黏弹性介质本身构成有关,还和地震波速度、时间步长、空间步长、震源主频、品质因子等因素有关,合理选择搭配好这些因素,能有效降低频散程度。二维黏弹性波简化方程交错网格有限差分形式如下:

$$
\begin{cases}
\dfrac{Pxx_{i,k}^{n+1/2} - Pxx_{i,k}^{n-1/2}}{\Delta t} = (\lambda_u + 2\mu_u)\dfrac{\mathrm{d}Vx}{\Delta x} + \lambda_u\dfrac{\mathrm{d}Vz}{\Delta z} + \dfrac{1}{2}(rxx_{i,k}^{n+1/2} + rxx_{i,k}^{n-1/2}) \\[2mm]
\dfrac{Pzz_{i,k}^{n+1/2} - Pzz_{i,k}^{n-1/2}}{\Delta t} = \lambda_u\dfrac{\mathrm{d}Vx}{\Delta x} + (\lambda_u + 2\mu_u)\dfrac{\mathrm{d}Vz}{\Delta z} + \dfrac{1}{2}(rzz_{i,k}^{n+1/2} + rzz_{i,k}^{n-1/2}) \\[2mm]
\dfrac{Pxz_{i,k}^{n+1/2} - Pxz_{i,k}^{n-1/2}}{\Delta t} = \mu_u\dfrac{\mathrm{d}Vx}{\Delta z} + \mu_u\dfrac{\mathrm{d}Vz}{\Delta x} + \dfrac{1}{2}(rxz_{i,k}^{n+1/2} + rxz_{i,k}^{n-1/2}) \\[2mm]
\dfrac{Vx_{i,k}^{n+1/2} - Vx_{i,k}^{n-1/2}}{\Delta t} = \dfrac{1}{\rho}\left(\dfrac{\mathrm{d}Pxx}{\Delta x} + \dfrac{\mathrm{d}Pxz}{\Delta z}\right) \\[2mm]
\dfrac{Vz_{i,k}^{n+1/2} - Vz_{i,k}^{n-1/2}}{\Delta t} = \dfrac{1}{\rho}\left(\dfrac{\mathrm{d}Pxz}{\Delta x} + \dfrac{\mathrm{d}Pzz}{\Delta z}\right) \\[2mm]
\dfrac{rxx_{i,k}^{n+1/2} - rxx_{i,k}^{n-1/2}}{\Delta t} = -\dfrac{1}{2\tau_\sigma}(rxx_{i,k}^{n+1/2} + rxx_{i,k}^{n-1/2}) + k_1\dfrac{\mathrm{d}Vx}{\Delta x} + k_2\dfrac{\mathrm{d}Vz}{\Delta z} \\[2mm]
\dfrac{rzz_{i,k}^{n+1/2} - rzz_{i,k}^{n-1/2}}{\Delta t} = -\dfrac{1}{2\tau_\sigma}(rzz_{i,k}^{n+1/2} + rzz_{i,k}^{n-1/2}) + k_2\dfrac{\mathrm{d}Vx}{\Delta x} + k_1\dfrac{\mathrm{d}Vz}{\Delta z} \\[2mm]
\dfrac{rxz_{i,k}^{n+1/2} - rxz_{i,k}^{n-1/2}}{\Delta t} = -\dfrac{1}{2\tau_\sigma}(rxz_{i,k}^{n+1/2} + rxz_{i,k}^{n-1/2}) + k_3\dfrac{\mathrm{d}Vx}{\Delta z} + k_3\dfrac{\mathrm{d}Vz}{\Delta x}
\end{cases}
\tag{4.1.2}
$$

其中,

$$
\begin{cases}
\dfrac{\mathrm{d}f}{\Delta x} = \dfrac{-a_1 f_{i+3/2,k}^{n-1/2} + a_2 f_{i+1/2,k}^{n-1/2} - a_2 f_{i-1/2,k}^{n-1/2} + a_1 f_{i-3/2,k}^{n-1/2}}{\Delta x} \\[2mm]
\dfrac{\mathrm{d}f}{\Delta z} = \dfrac{-a_1 f_{i,k+3/2}^{n-1/2} + a_2 f_{i,k+1/2}^{n-1/2} - a_2 f_{i,k-1/2}^{n-1/2} + a_1 f_{i,k-3/2}^{n-1/2}}{\Delta z} \\[2mm]
a_1 = \dfrac{1}{24} \\[2mm]
a_2 = \dfrac{9}{8}
\end{cases}
\tag{4.1.3}
$$

$$
\begin{bmatrix} k_1 \\ k_2 \\ k_3 \end{bmatrix} = \dfrac{1}{\tau_\sigma}\left(\begin{bmatrix} \lambda + 2\mu \\ \lambda \\ \mu \end{bmatrix} - \begin{bmatrix} \tilde{\lambda} + 2\tilde{\mu} \\ \tilde{\lambda} \\ \tilde{\mu} \end{bmatrix}\right)
\tag{4.1.4}
$$

$$
\begin{bmatrix} \lambda_u \\ \mu_u \end{bmatrix} = \begin{bmatrix} \tilde{\lambda} \\ \tilde{\mu} \end{bmatrix}(L = 1 \text{ 时}), \qquad \begin{bmatrix} \tilde{\lambda} \\ \tilde{\mu} \end{bmatrix} = \begin{pmatrix} \lambda + 2\mu \\ 0 \end{pmatrix}\dfrac{\tau_\varepsilon^p}{\tau_\sigma} + \begin{pmatrix} -2\mu \\ \mu \end{pmatrix}\dfrac{\tau_\varepsilon^s}{\tau_\sigma}
\tag{4.1.5}
$$

$$
\begin{cases}
\tau_\sigma = \dfrac{1}{\omega}\left(\sqrt{1 + \dfrac{1}{Q_P^2}} - \dfrac{1}{Q_P}\right) \\[2mm]
\tau_\varepsilon^p = \dfrac{1}{\omega^2 \tau_\sigma} \\[2mm]
\tau_\varepsilon^s = \dfrac{1 + \omega\tau_\sigma Q_S}{\omega Q_S - \omega^2 \tau_\sigma}
\end{cases}
\tag{4.1.6}
$$

4. 二维模型的数值计算

本书利用黏弹性波简化方程对 SEG/EAGE 二维盐丘以及我们自定义的崎岖海底地质模型进行了正演数值模拟,得到波场快照和单炮地震记录。

图 4.1.16 显示的是 SEG/EAGE 二维盐丘模型,由于盐丘体形状复杂,造成地层介

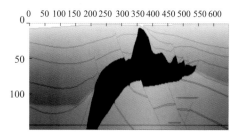

图 4.1.16　SEG/EAGE 二维盐丘模型

质横向和纵向变速很大。除盐丘体外,主要由一些平缓和过压地层以及高陡断层组成。模型大小 649×150(网格),网格大小 24m×24m,介质速度 1524～4480.56m/s,记录时间长度 5s,采样点 626,采样间隔 8ms,震源采用 Ricker 子波,共 325 炮,炮点位置从模型最左边右移,炮间距 48m,道间距 24m,每炮 176 道,采用右边放炮左边接收观测系统。

图 4.1.17 显示的是盐丘模型第 200 炮 900ms 和 1300ms 时刻的黏弹性波波场快照,从图中可以看到地震波在复杂盐丘模型介质中的传播过程。

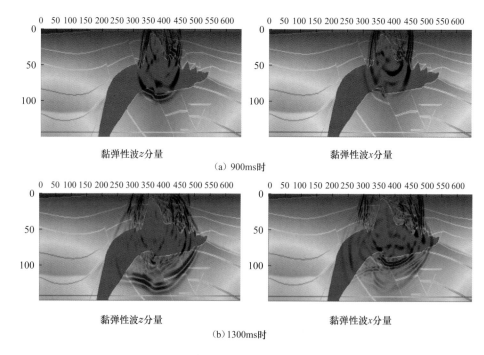

图 4.1.17　黏弹性波波场快照(SEG/EAGE 二维盐丘模型)

图 4.1.18～图 4.1.21 是盐丘模型的声波、弹性波以及黏弹性波单炮地震记录对比(第 250 炮和第 325 炮),从单炮地震记录上可以看出,弹性波比声波包含了更多的波场信息,声波单炮记录最上面的直线同相轴是直达 P 波,而弹性波有两条直线同相轴,从上到下依次是直达 P 波和直达 P-SV 波。黏弹性波和弹性波相比,深部高频能量被吸收和衰减,与实际情况比较相符。本书黏弹性波简化方程模拟得到的单炮记录和 Carcione 黏弹

性波方程模拟得到的单炮记录相比,深部高频能量吸收和衰减差别不大,但简化方程比较简洁,并且计算效率要高。

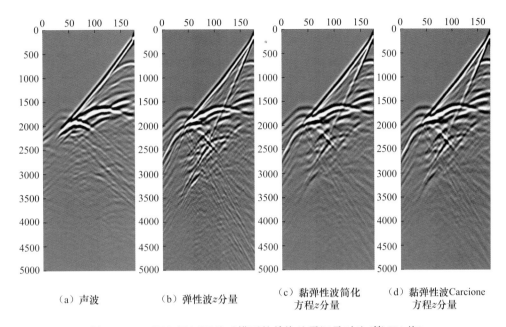

(a) 声波　　　　　　　(b) 弹性波z分量　　　(c) 黏弹性波简化　　(d) 黏弹性波Carcione
　　　　　　　　　　　　　　　　　　　　　　方程z分量　　　　方程z分量

图 4.1.18　SEG/EAGE 盐丘模型的单炮地震记录对比(第 250 炮)

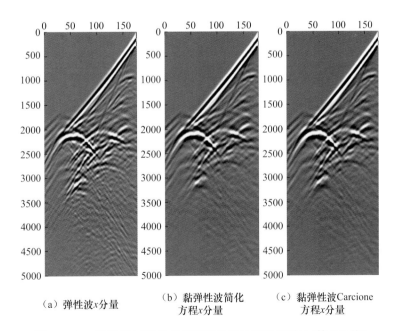

(a) 弹性波x分量　　　(b) 黏弹性波简化　　　(c) 黏弹性波Carcione
　　　　　　　　　　　　方程x分量　　　　　方程x分量

图 4.1.19　SEG/EAGE 盐丘模型的单炮地震记录对比(第 250 炮)

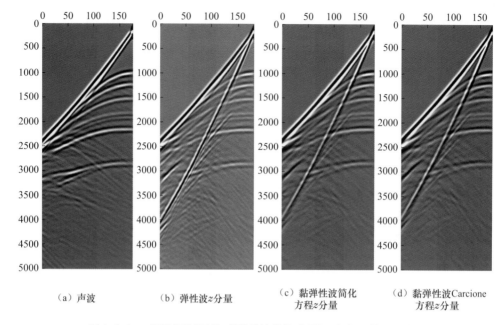

　　(a) 声波　　　　　(b) 弹性波z分量　　　(c) 黏弹性波简化　　　(d) 黏弹性波Carcione
　　　　　　　　　　　　　　　　　　　　　　　　方程z分量　　　　　　　方程z分量

图 4.1.20　SEG/EAGE 盐丘模型的单炮地震记录对比(第 325 炮)

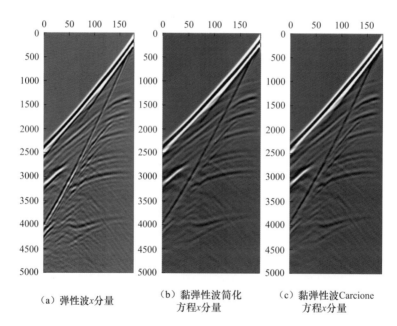

　　(a) 弹性波x分量　　　(b) 黏弹性波简化　　　(c) 黏弹性波Carcione
　　　　　　　　　　　　　　　　方程x分量　　　　　　　方程x分量

图 4.1.21　SEG/EAGE 盐丘模型的单炮地震记录对比(第 325 炮)

　　图 4.1.22 是崎岖海底模型,主要由水平海面、崎岖海底、水平地层以及渐变地层组成。模型大小 900×400(网格),网格大小 12m×12m,介质速度 1500~3700m/s,记录长度 6s,采样点 3000,采样间隔 2ms,震源采用 Ricker 子波,炮点位置在(570,0),道间距 12m,检波器覆盖整个地表。

图 4.1.23～图 4.1.26 显示的是崎岖海底模型 1100ms 和 2100ms 时刻的声波、弹性波、黏弹性波波场快照,从图中可以看到地震波在崎岖海底模型介质中的传播过程,地震波在崎岖海底地表产生回转波、散射波、反射波等。通过声波、弹性波和黏弹性波波场快照的对比,可以看出声波波场快照中的回转波现象比较严重,弹性波比声波包含了更多的波场信息,黏弹性波波场在一定程度上得到吸收和衰减,与实际比较相符。

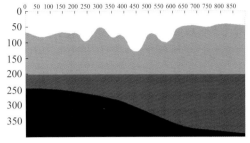

图 4.1.22 崎岖海底模型

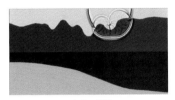  

（a）声波　　　　　　　　　（b）弹性波z分量　　　　　　（c）黏弹性波简化方程z分量

图 4.1.23 崎岖海底模型地震波场快照(1100ms 时刻)

（a）弹性波x分量　　　　　　　（b）黏弹性波简化方程x分量

图 4.1.24 崎岖海底模型地震波场快照(1100ms 时刻)

 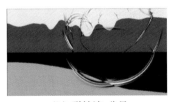 

（a）声波　　　　　　　　　（b）弹性波z分量　　　　　　（c）黏弹性波简化方程z分量

图 4.1.25 崎岖海底模型地震波场快照(2100ms 时刻)

（a）弹性波x分量　　　　　　　（b）黏弹性波简化方程x分量

图 4.1.26 崎岖海底模型地震波场快照(2100ms 时刻)

图 4.1.27 和图 4.1.28 是崎岖海底模型的声波、弹性波以及黏弹性波地震记录对比,从单炮地震记录上可以看出,弹性波比声波包含了更多的波场信息,黏弹性波随着深度的增加,高频能量不断被吸收和衰减,说明黏弹性波动方程模拟的地震波场更加接近实际情况,数值计算结果证明了简化黏弹性波动方程算法的正确性。

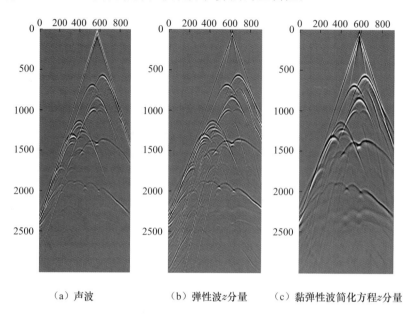

（a）声波 （b）弹性波z分量 （c）黏弹性波简化方程z分量

图 4.1.27 崎岖海底模型的单炮地震记录对比

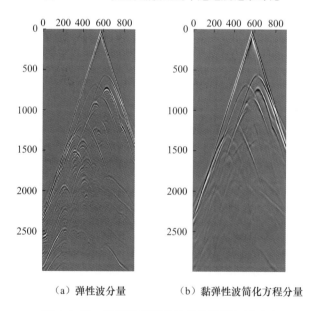

（a）弹性波分量 （b）黏弹性波简化方程分量

图 4.1.28 崎岖海底模型的单炮地震记录对比

以上通过黏弹性介质地震波场正演数值模拟,定义震源函数与吸收边界条件,给出黏弹性波简化方程交错网格有限差分数值计算方法,并在地质模型正演数值模拟中应用。

这些内容可以通过波动方程的正演计算帮助读者理解本书 4.2 节中涉及的双程波波动方程偏移原理与算法。

4.2 双程波波动方程偏移原理与算法

双程波波动方程偏移又称逆时偏移。逆时偏移成像的原理是基于反射地震成像(Claerbout,1971),逆时偏移的提出与研究始于 20 世纪 80 年代(Baysal,1983;Whitmore,1983)。逆时偏移利用波动方程双程波算子,不受地下构造的倾角和介质速度剧烈变化限制(Zhu,1998),并且可以利用回转波成像(Biondi,2002),因此,比射线类方法和单程波波动方程偏移更具有成像优势。当然,逆时偏移也有着计算量巨大,低频成像噪声和波场延拓方向不一致带来的存储量巨大等问题需要解决(Yoon,2004)。最近几年计算机硬件和并行计算技术的飞速发展,让逆时偏移方法存在的问题得到了改善。在处理计算量的问题上,通过计算机的并行计算(Fricke,1988),应用 GPU 计算技术可以大幅提高计算效率(Zhang,2009;刘红伟等,2010)。在处理低频成像噪声的问题上,有在波传播过程中压制产生噪声的方法(Baysal,1984;Loewenthal,1983,1987)、有对成像条件作出改进的方法(Liu et al.,2007,2011)、有成像后滤波的方法(Zhang,2008;杨仁虎,2010;杨仁虎等,2010b)等。在解决由波场延拓方向不一致带来的波场传播信息的存储问题上,有设置检查点(Checkpoint)方法(Symes,2007)、记录波场边界信息的吸收边界方法(Eric et al.,2008),以及随机边界方法(Clapp,2009)等。

4.2.1 Claerbout 的波动方程偏移成像原理

双程波波动方程偏移成像的基本原理源自 1971 年 Claerbout 提出的反射波成像原理。Claerbout 根据反射波传播的规律,将地震波场分解成下行波与上行波,反射面位于下行波与上行波在地下相遇的地方。如图 4.2.1 所示,入射波从震源点发射,反射波可设想从虚震源点出射。在点 P_1 上入射波先到达,反射波后到达。在点 P_3 上设想的虚震源发射的反射波先到达,入射波后到达。在这两点上反射波与入射波不同时到达,因此它们都不是反射波成像的位置。只有在点 P_2 上入射波和反射波才同时到达,而该点正好位于反射界面上。在这点上的反射系数为反射波振幅除以入射波的振幅。因此反射波成像的基本公式可写为

$$I(\boldsymbol{X}) = \frac{u(\boldsymbol{X}, t_{\mathrm{d}})}{d(\boldsymbol{X}, t_{\mathrm{d}})} \qquad (4.2.1)$$

其中,$u(\boldsymbol{X}, t_{\mathrm{d}})$ 表示上行波;$d(\boldsymbol{X}, t_{\mathrm{d}})$ 表示下行波;t_{d} 表示下行波初至时间。(4.2.1)式没有考虑反射系数随着入射角变化的情况,它本质上是相位信息的公式。或者说,它对接近法线入射的情况时基本是正确的,能够反映反射系数在各点上的变化情况。由于下行波的初至时间比较难以确定,

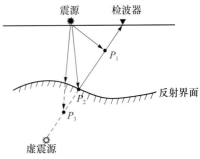

图 4.2.1 反射波成像原理示意图

为了避免这个问题,一般假设下行波为最小相位。把 t_d 作为初始时间,则上行波和下行波对这个时间可写成 Z 变换的形式:

$$U(Z) = u_0 + u_1 Z + u_2 Z^2 + \cdots \tag{4.2.2}$$

$$D(Z) = d_0 + d_1 Z + d_2 Z^2 + \cdots \tag{4.2.3}$$

如果 $D(Z)$ 是最小相位序列,则反射波成像公式可表示为

$$I(\boldsymbol{X}) = \int U(Z)/D(Z)\mathrm{d}\omega \tag{4.2.4}$$

把 $1/D(Z)$ 展开,可以得到

$$I(\boldsymbol{X}) = \int \frac{u_0}{d_0}[1 + f_1 Z + f_2 Z^2 + \cdots]\mathrm{d}\omega \tag{4.2.5}$$

由 Fourier 反变换有

$$\delta(t) = \frac{1}{2\pi}\int \mathrm{e}^{\mathrm{j}\omega t}\mathrm{d}\omega = \frac{1}{2\pi}\int Z^t \mathrm{d}\omega \tag{4.2.6}$$

在不考虑常系数 $1/2\pi$ 的情况下,(4.2.5)式等于

$$I(\boldsymbol{X}) = u_0/d_0 \tag{4.2.7}$$

由于(4.2.1)式本质上也等于 u_0/d_0,因此(4.2.7)式与(4.2.1)式等价。(4.2.7)式和(4.2.1)式相比,不需要考虑拾取初至时间,而是使用 u 和 d 的全频谱,但是要求下行波是最小相位的。

把(4.2.4)式的分子和分母都乘上下行波的复共轭函数 D^*,则有

$$I(\boldsymbol{X}) = \int \frac{U(\boldsymbol{X},\omega)D^*(\boldsymbol{X},\omega)}{D(\boldsymbol{X},\omega)D^*(\boldsymbol{X},\omega)}\mathrm{d}\omega \tag{4.2.8}$$

考虑到分母中的谱密度 DD^* 不含有相位信息,因此反射波成像公式写为

$$I(\boldsymbol{X}) = \int U(\boldsymbol{X},\omega)D^*(\boldsymbol{X},\omega)\mathrm{d}\omega \tag{4.2.9}$$

根据 Parseval 公式,(4.2.9)式右端项有

$$\frac{1}{2\pi}\int U(\boldsymbol{X},\omega)D^*(\boldsymbol{X},\omega)\mathrm{d}\omega = \int u(\boldsymbol{X},t)d^*(\boldsymbol{X},t)\mathrm{d}t \tag{4.2.10}$$

考虑到下行波是实数序列,并且不考虑积分号前的常系数,则反射波成像公式可写为

$$I(\boldsymbol{X}) = \int u(\boldsymbol{X},t)d(\boldsymbol{X},t)\mathrm{d}t \tag{4.2.11}$$

当下行波是脉冲波时,此成像公式是精确的;当下行波是一个短延续长度的子波时,此成像公式是一个很好的近似。Claerbout 的反射波成像原理为双程波波动方程逆时偏移算法的提出建立了基础。

4.2.2　双程波波动方程逆时偏移成像原理

双程波波动方程偏移算法不需要把地震波场分解成下行波场和上行波场,在计算波

的传播过程中采用的是全波场计算的方法。如果将下行波场换成震源波场,上行波场换成检波点接收波场,当震源波场顺时向下延拓、检波点接收波场逆时向下延拓时,两个波场在反射界面上的相遇点具有地震波场的最大互相关,据此可得出双程波波动方程叠前逆时偏移零延迟互相关成像条件公式(Chattopadhyay,2008;Costa,2009):

$$I(\boldsymbol{x}) = \int P_s(\boldsymbol{X},t)P_g(\boldsymbol{X},t)\mathrm{d}t \tag{4.2.12}$$

其中 $P_s(\boldsymbol{X},t)$ 表示震源波场;$P_g(\boldsymbol{X},t)$ 表示检波点接收波场。它实质上可以理解为震源波场和检波点接收波场在地下的散射波场干涉成像。

图 4.2.2 是互相关成像条件示意图,从图中可以看出,要进行互相关成像条件需要三个步骤:首先将源波场顺时间方向延拓,其次是将接收波场逆时间方向延拓,最后对源波场和接收波场进行互相关。图 4.2.3 是二维空间加上一维时间形成的时空三维叠前逆时偏移成像示意图,从图中可以看出,由震源激发的源波场顺时间方向向下延拓,由地震记录作为初始条件的接收波场逆时间方向向下延拓,然后把所有时刻的源波场和接收波场的乘积叠加起来就得到一个炮集的叠前逆时偏移成像结果,最后再对所有炮集叠前逆时偏移成像结果进行叠加就得到整个炮点和检波点覆盖区域的叠前逆时偏移成像结果。

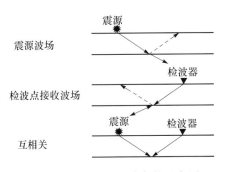

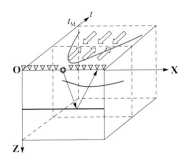

图 4.2.2　互相关成像条件示意图 　　　图 4.2.3　叠前逆时偏移时空三维示意图

4.2.3　双程波波动方程有限差分交错网格解

求解波动方程的方法有很多,包括有限差分法、谱方法、有限元方法等。这方面的文献及参考书籍很多,读者可以根据需要阅读。我们在实施双程波波动方程偏移算法研究的实践中认为,有限差分在求解波动方程的计算中具有计算效率高,内存相对较小的优点,因此得到广泛运用。另外,为了提高有限差分求解的效率,本书以三维声波方程为例,介绍我们采用的有限差分交错网格求解方法(Graves,1996;Kindelan,1990;Liu et al.,2009),供大家参考。

在三维情况下,声波方程可用如下公式表示:

$$\frac{\partial P}{\partial t} = -K\left(\frac{\partial V_x}{\partial x} + \frac{\partial V_y}{\partial y} + \frac{\partial V_z}{\partial z}\right) + f$$

$$\frac{\partial V_x}{\partial t} = -\frac{1}{\rho}\frac{\partial P}{\partial x}$$

$$\frac{\partial V_y}{\partial t} = -\frac{1}{\rho}\frac{\partial P}{\partial y}$$

$$\frac{\partial V_z}{\partial t} = -\frac{1}{\rho}\frac{\partial P}{\partial z} \tag{4.2.13}$$

其中 $K = \rho V^2$，采用时间一阶差分，空间 n 阶中心差分格式。

震源波场正传的过程可用如下差分方程的离散形式表示：

$$V_x^{t+1} = V_x^t + \frac{\Delta t}{\rho \Delta x}\sum_{l=-\frac{n}{2}+1}^{\frac{n}{2}} a_l P_{x+l}^t$$

$$V_y^{t+1} = V_y^t + \frac{\Delta t}{\rho \Delta y}\sum_{l=-\frac{n}{2}+1}^{\frac{n}{2}} a_l P_{y+l}^t$$

$$V_z^{t+1} = V_z^t + \frac{\Delta t}{\rho \Delta y}\sum_{l=-\frac{n}{2}+1}^{\frac{n}{2}} a_l P_{z+l}^t$$

$$P_{x,y,z}^{t+1} = P_{x,y,z}^t + \rho V^2\left(\frac{1}{\Delta x}\sum_{l=-\frac{n}{2}}^{\frac{n}{2}-1} a_l V_{x+l}^{t+1} + \frac{1}{\Delta y}\sum_{l=-\frac{n}{2}}^{\frac{n}{2}-1} a_l V_{y+l}^{t+1} + \frac{1}{\Delta z}\sum_{l=-\frac{n}{2}}^{\frac{n}{2}-1} a_l V_{z+l}^{t+1}\right) \tag{4.2.14}$$

其中，a_l 是差分系数；当 $a_0 = 0$ 时，$a_l = -a_{-l}$。当 $n = 2$ 时，$a_1 = 1.0$。当 $n = 4$ 时，$a_1 = 1.125$，$a_2 = -0.041\ 666\ 667$。当 $n > 4$ 时，

$$a_l = \frac{(-1)^{l+1}\prod\limits_{i=1,i\neq l}^{\frac{n}{2}}(2i-1)^2}{(2l-1)\prod\limits_{i=1}^{\frac{n}{2}-1}\left[(2l-1)^2-(2i-1)^2\right]}$$

由此，可以得到交错网格不同差分阶数的差分系数(Liu et al.，2009)(表 4.2.1)。

表 4.2.1　交错网格不同差分阶数的差分系数

n	a_1	a_2	a_3	a_4	a_5	a_6
2	1.000 00					
4	1.125 00	$-4.166\ 67\times10^{-2}$				
6	1.171 87	$-6.510\ 42\times10^{-2}$	$4.687\ 50\times10^{-3}$			
8	1.196 29	$-7.975\ 26\times10^{-2}$	$9.570\ 31\times10^{-3}$	$-6.975\ 45\times10^{-4}$		
10	1.211 24	$-8.972\ 17\times10^{-2}$	$1.384\ 28\times10^{-2}$	$-1.765\ 66\times10^{-3}$	$1.186\ 80\times10^{-4}$	
12	1.221 34	$-9.693\ 15\times10^{-2}$	$1.744\ 77\times10^{-2}$	$-2.967\ 29\times10^{-3}$	$3.590\ 05\times10^{-4}$	$-2.184\ 78\times10^{-5}$

检波点接收波场逆传的过程可用如下差分方程的离散形式表示：

$$P_{x,y,z}^t = P_{x,y,z}^{t+1} - \rho V^2\left(\frac{1}{\Delta x}\sum_{l=-\frac{n}{2}}^{\frac{n}{2}-1} a_l V_{x+l}^{t+1} + \frac{1}{\Delta y}\sum_{l=-\frac{n}{2}}^{\frac{n}{2}-1} a_l V_{y+l}^{t+1} + \frac{1}{\Delta z}\sum_{l=-\frac{n}{2}}^{\frac{n}{2}-1} a_l V_{z+l}^{t+1}\right)$$

$$V_x^t = V_x^{t+1} - \frac{\Delta t}{\rho \Delta x}\sum_{l=-\frac{n}{2}+1}^{\frac{n}{2}} a_l P_{x+l}^t$$

$$V_y^t = V_y^{t+1} - \frac{\Delta t}{\rho \Delta y} \sum_{l=-\frac{n}{2}+1}^{\frac{n}{2}} a_l P_{y+l}^t$$

$$V_z^t = V_z^{t+1} - \frac{\Delta t}{\rho \Delta y} \sum_{l=-\frac{n}{2}+1}^{\frac{n}{2}} a_l P_{z+l}^t \tag{4.2.15}$$

由差分算子((4.2.13)式和(4.2.14)式)计算出逆时传播的波场和顺时传播的波场,利用成像条件,即可得到成像结果。利用有限差分交错网格求解双程波波动方程的好处是可以在满足精度需求的情况下实现计算量最小化。

4.2.4 双程波波动方程偏移难点与算法改进

双程波波动方程偏移由于采用全波场模拟为偏移算子,因此计算量相比单程波偏移算法和基于射线类的偏移算法大很多,特别是在处理三维实际资料时,巨大的计算量限制了双程波波动方程偏移的应用。双程波偏移采用全波场模拟,在波场传播路径上产生噪声,如何压制噪声而不破坏有效信息,这也是该方法的难点。由于双程波波动方程偏移计算中受复杂构造的约束,波路径的延拓方向不一致,导致必须将某一时刻波场对另一时刻的波场传播过程可见,这就会带来存储量增加的问题。波动方程的建立还需要考虑复杂介质的情况,如黏弹性各向异性、空隙介质、多相介质等,以满足计算精度的要求,这对波动方程的求解提出了更大的挑战。如何准确地提取地震子波和快速地建立适合双程波波动方程偏移的速度模型也是该算法的难点。

基于上述分析,本书针对成像噪声的消除,采用振幅补偿滤波方法,实现了叠前逆时偏移成像结果中假像的消除,该方法对于消除波场传播路径上的假像有明显效果。我们选用一个简单的两层水平层状介质模型进行试验和分析,如图 4.2.4 所示。模型大小 300×300(网格),网格大小 10m×10m,上层介质速度 4000m/s,下层介质速度 5000m/s,记录长度 1s,采样点 500,采样间隔 2ms,震源采用 Ricker 子波,主频 30Hz,位于模型表面正中央,采用双边接收,检波器遍布整个模型表面。

从图 4.2.5 中可以看到成像结果中存在较严重的假像,这些假像是反射波引起的传播路径上的假像,频率较低,主要均匀分布在波的传播路径上。如何消除假像,许多学者进行了一些研究和探索,其中滤波能适应任何复杂介质,是一种较好的方法。但直接滤波往往会损失有效振幅。本书给出了振幅补偿滤波方法,即在滤波前后,尽可能保持有效振幅,这实质上是保结构思想的延伸。主要思路是构建一个滤波算子 L 和新成像条件 $I^\circ(X)$,使得滤波算子 L 不仅能够消除这些假像,而且能

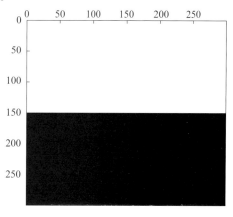

图 4.2.4 简单两层水平层状介质模型

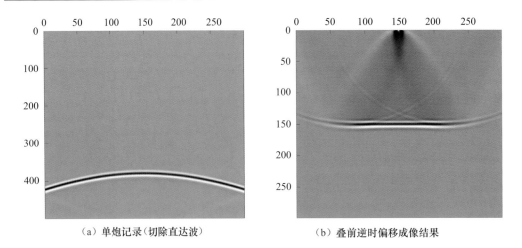

（a）单炮记录（切除直达波）　　　　　（b）叠前逆时偏移成像结果

图 4.2.5　单炮记录和叠前逆时偏移成像结果

够保持有效振幅。用数学公式表述如下。

互相关成像条件为

$$I(\boldsymbol{X}) = \int P_s P_g \,\mathrm{d}t = \langle P_s, P_g \rangle \tag{4.2.16}$$

新成像条件为

$$I^\circ(\boldsymbol{X}) = \int P_s^\circ P_g \,\mathrm{d}t = \langle P_s^\circ, P_g \rangle \tag{4.2.17}$$

使得

$$L\{I^\circ(\boldsymbol{X})\} = L\langle P_s^\circ, P_g \rangle = \langle P_s, P_g \rangle = I(\boldsymbol{X}) \tag{4.2.18}$$

（4.2.18）式表明在滤波前后振幅得到有效保持，即振幅补偿滤波方法。其中 P_s° 是振幅补偿后的震源波场，当然也可以对接收波场进行振幅补偿。新的成像条件依赖于滤波算子，对于简单算子，可以求出新成像条件的解析形式。对于复杂算子而言，很难得到新成像条件的解析形式，可以通过其他手段得到近似结果。这里对滤波算子 $L = c^2 \nabla^2$，通过推导求出新成像条件为

$$I^\circ(\boldsymbol{X}) = \langle P_s^\circ, P_g \rangle = \left\langle \frac{1}{4} P_s^* (tu(t)), P_g \right\rangle \tag{4.2.19}$$

推导过程如下。

符号简记：

P_s：$P_s(\boldsymbol{X}, t)$ 表示空间时间域震源波场；$\hat{P}_s$：$\hat{P}_s(\boldsymbol{X}, \omega)$ 表示空间频率域震源波场；

P_s°：$P_s^\circ(\boldsymbol{X}, t)$ 表示振幅补偿后的空间时间域震源波场；$\hat{P}_s^\circ$：$\hat{P}_s^\circ(\boldsymbol{X}, \omega)$ 表示振幅补偿后的空间频率域震源波场；

P_g：$P_g(\boldsymbol{X}, t)$ 表示空间时间域接收波场；$\hat{P}_g$：$\hat{P}_g(\boldsymbol{X}, \omega)$ 表示空间频率域接收波场。

由于震源波场和接收波场都是基于同一个波动方程，只是初始条件不同，所以以下推导过程中不再写出初始条件。

空间时间域震源波场和接收波场的波动方程可写为

$$\nabla^2 P_s = \frac{1}{c^2} \frac{\partial^2 P_s}{\partial t^2}, \quad \nabla^2 P_g = \frac{1}{c^2} \frac{\partial^2 P_g}{\partial t^2} \tag{4.2.20}$$

相应的空间频率域波动方程可写为

$$\nabla^2 \hat{P}_s = -k^2 \hat{P}_s, \quad \nabla^2 \hat{P}_g = -k^2 \hat{P}_g \tag{4.2.21}$$

利用 Parseval 能量定理,叠前逆时偏移成像条件可写为

$$I(\boldsymbol{X}) = \int P_s P_g \mathrm{d}t = \langle P_s, P_g \rangle = \frac{1}{2\pi} \langle \hat{P}_s, \hat{P}_g \rangle = \frac{1}{2\pi} \int \hat{P}_s \hat{P}_g^* \mathrm{d}\omega \tag{4.2.22}$$

对成像条件直接施加滤波算子 $L = \nabla^2$:

$$\nabla^2 I(\boldsymbol{X}) = \frac{1}{2\pi} \int \nabla^2 (\hat{P}_s \hat{P}_g^*) \mathrm{d}\omega = \frac{1}{2\pi} \int \{(\nabla^2 \hat{P}_s) \hat{P}_g^* + \hat{P}_s (\nabla^2 \hat{P}_g^*) + 2(\nabla \hat{P}_s)(\nabla \hat{P}_g^*)\} \mathrm{d}\omega$$

$$= \frac{1}{2\pi} \int (-4k^2) \hat{P}_s \hat{P}_g^* \mathrm{d}\omega = \frac{1}{2\pi} \langle (-4k^2) \hat{P}_s, \hat{P}_g \rangle \tag{4.2.23}$$

这里可以看出,对成像条件 $I(\boldsymbol{X})$ 直接作用滤波算子 $L = \nabla^2$ 后,振幅产生了改变。如何补偿改变后的振幅呢? 这里定义一个新成像条件为

$$I^\circ(\boldsymbol{X}) = \frac{1}{2\pi} \langle \hat{P}_s^\circ, \hat{P}_g \rangle = \langle P_s^\circ, P_g \rangle \tag{4.2.24}$$

其中,$\hat{P}_s^\circ = \hat{P}_s / (-4\omega^2)$,$\hat{P}_s^\circ$ 同时满足方程:$\nabla^2 \hat{P}_s^\circ = -k^2 \hat{P}_s^\circ$。对新成像条件 $I^\circ(\boldsymbol{X})$ 作用算子 $L = c^2 \nabla^2$ 后,有

$$LI^\circ(\boldsymbol{X}) = c^2 \nabla^2 I^\circ(\boldsymbol{X}) = c^2 \frac{1}{2\pi} \langle (-4k^2) \hat{P}_s^\circ, \hat{P}_g \rangle = \frac{1}{2\pi} \langle \hat{P}_s, \hat{P}_g \rangle = I(\boldsymbol{X}) \tag{4.2.25}$$

(4.2.25)式表明,对新成像条件 $I^\circ(\boldsymbol{X})$ 作用滤波算子 $L = c^2 \nabla^2$ 后,保留下来的有效振幅保持了成像条件 $I(\boldsymbol{X})$ 中的有效振幅特性。

下面求 p_s°:

$$\hat{p}_s^\circ = \hat{p}_s / (-4\omega^2) = \frac{1}{4} \hat{p}_s \frac{1}{(\mathrm{i}\omega)^2} \tag{4.2.26}$$

由时间域和频率域的对应关系:

$$tu(t) \leftrightarrow \frac{1}{(\mathrm{i}\omega)^2}, \quad p_s^* (tu(t)) \leftrightarrow \hat{p}_s \frac{1}{(\mathrm{i}\omega)^2} \tag{4.2.27}$$

有

$$\frac{1}{4} p_s^* (tu(t)) \leftrightarrow \hat{p}_s^\circ \tag{4.2.28}$$

从而求出

$$p_s^\circ = \frac{1}{4} p_s^* (tu(t)) \tag{4.2.29}$$

图 4.2.6(b)是应用振幅补偿滤波方法得到的叠前逆时偏移成像结果,从图中可以看出,不仅传播路径上的假像得到消除,而且有效振幅保持得较好。

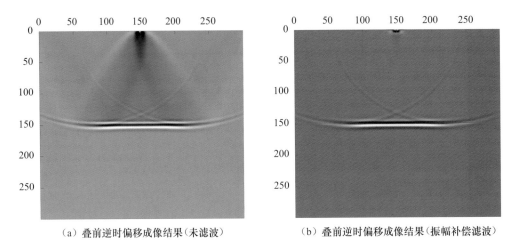

<table>
<tr><td>(a) 叠前逆时偏移成像结果(未滤波)</td><td>(b) 叠前逆时偏移成像结果(振幅补偿滤波)</td></tr>
</table>

图 4.2.6　叠前逆时偏移成像结果(未滤波和振幅补偿滤波)

4.3　双程波波动方程偏移在深水海域的实践

本节主要介绍利用双程波波动方程逆时偏移方法开展的数值计算以及实际资料的偏移结果。

4.3.1　双程波波动方程逆时偏移数值计算

利用本书介绍的振幅补偿滤波方法,对勘探地球物理学界给出的 SEG/EAGE 二维盐丘模型、Marmousi 模型、本书作者设计的崎岖海底模型进行了叠前逆时偏移成像。

1. SEG/EAGE 二维盐丘模型叠前逆时偏移成像数值计算

图 4.3.1 是 SEG/EAGE 二维盐丘模型和相应的叠前逆时偏移成像结果。图 4.3.1(a)是 SEG/EAGE 二维盐丘模型,由于盐丘体形状复杂,造成地层介质横向和纵向变速很大。除盐丘体外,主要由一些平缓和过压地层以及高陡断层组成。模型参数与图 4.1.16 定义相同。图 4.3.1(b)是没有经过滤波的叠前逆时偏移成像结果,从图中可以看出,由于波场传播路径上噪声的严重干扰,造成偏移成像结果中存在假像,地层分界面模糊不清,成像精度较低。图 4.3.1(c)是应用振幅补偿滤波方法得到的叠前逆时偏移成像结果,从图中可以看出,模型构造特征准确,特别是高陡倾角断层获得了较好的成像。图 4.3.1(d)是图 4.3.1(c)的盐下部分的放大,从图中可以看出,盐下高陡倾角断层也获得了较好的成像。图 4.3.2 分别给出了第 50 炮、第 150 炮、第 250 炮、第 325 炮的单炮叠前逆时偏移成像。图 4.3.3 是压缩震源子波后的叠前逆时偏移成像,图 4.3.3(b)是图 4.3.3(a)的盐下部分的放大。从图中可以看出,通过压缩震源子波,可以提高成像分

辨率,同时盐下可以获得较好的偏移成像,甚至盐下的断层也能显现出来,而常规偏移方法很难得到盐下的清晰成像。

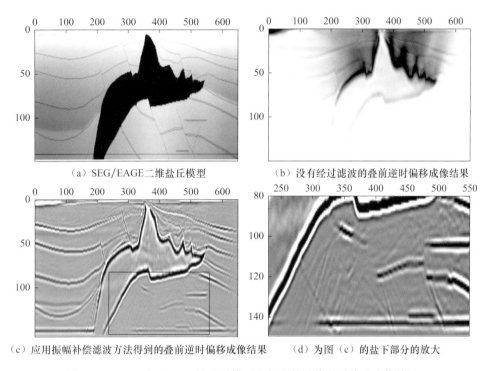

（a）SEG/EAGE二维盐丘模型 　　　　（b）没有经过滤波的叠前逆时偏移成像结果

（c）应用振幅补偿滤波方法得到的叠前逆时偏移成像结果 　（d）为图（c）的盐下部分的放大

图 4.3.1　SEG/EAGE 二维盐丘模型和相应的叠前逆时偏移成像结果

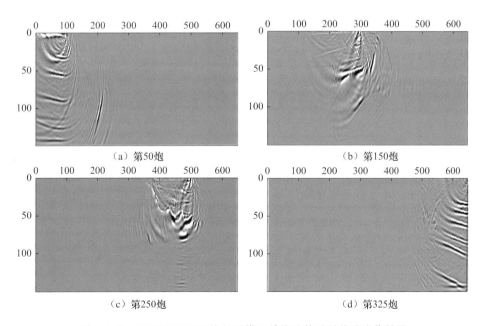

（a）第50炮 　　　　　　　　　　　　（b）第150炮

（c）第250炮 　　　　　　　　　　　　（d）第325炮

图 4.3.2　SEG/EAGE 二维盐丘模型单炮叠前逆时偏移成像结果

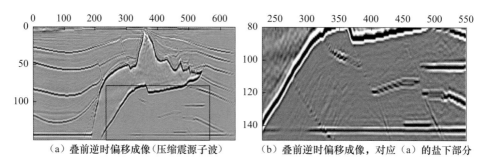

（a）叠前逆时偏移成像（压缩震源子波）　　（b）叠前逆时偏移成像，对应（a）的盐下部分

图 4.3.3　压缩震源子波后的叠前逆时偏移成像

2. Marmousi 模型叠前逆时偏移成像数值计算

图 4.3.4 是 Marmousi 模型和相应的叠前逆时偏移成像结果。图 4.3.4(a)是 Marmousi 模型，它主要由一些倾斜地层、高角度逆冲断层、角度不整合地层以及地层隆起构成。模型大小 737×750（网格），网格大小 12.5m×4m，介质速度 1500~5500m/s，记录长度 3s，采样点 750，采样间隔 4ms，震源采用 Ricker 子波，共 240 炮，炮点位置从模型左边(240,0)处右移，炮间距 25m，道间距 25m，每炮 96 道，采用右边放炮左边接收观测系统。图 4.3.4(b)是通过振幅补偿滤波后的叠前逆时偏移成像结果，从图中可以看出，成像结果较好，成像位置准确，构造清晰，振幅对应很好。图 4.3.5 分别是第 1 炮、第 100 炮、第 150 炮、第 240 炮的叠前逆时偏移成像。

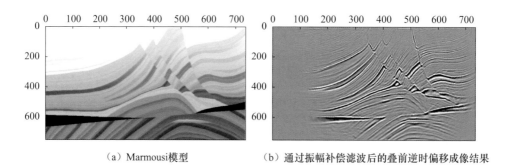

（a）Marmousi模型　　　　　　（b）通过振幅补偿滤波后的叠前逆时偏移成像结果

图 4.3.4　Marmousi 模型和相应的叠前逆时偏移成像结果

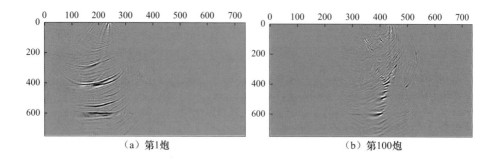

（a）第1炮　　　　　　　　　　　　（b）第100炮

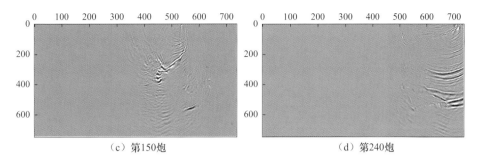

（c）第150炮　　　　　　　　　（d）第240炮

图 4.3.5 Marmousi 模型单炮叠前逆时偏移成像结果

3. 崎岖海底模型叠前逆时偏移成像数值计算

图 4.3.6 是崎岖海底模型和相应的叠前逆时偏移成像结果。图 4.3.6(a)是崎岖海底模型，主要由水平海面、崎岖海底、水平地层以及渐变地层组成。模型参数与图 4.1.2 定义相同。在偏移计算中，我们采用记录长度 6s，采样点 750，采样间隔 8ms，震源采用 Ricker 子波，共 450 炮，炮点位置从模型最左边右移，炮间距 24m，道间距 24m，每炮 120 道，采用右边放炮左边接收观测系统。图 4.3.6(b)是通过振幅补偿滤波后的叠前逆时偏移成像结果，从图中可以看出，成像结果较好，成像位置准确、构造清晰、振幅对应很好。图 4.3.7 是崎岖海底模型单炮叠前逆时偏移成像结果。图(a)～图(d)分别是第 50 炮、第 150 炮、第 250 炮、第 350 炮的叠前逆时偏移成像。

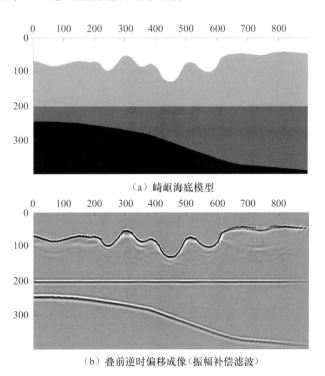

（a）崎岖海底模型

（b）叠前逆时偏移成像（振幅补偿滤波）

图 4.3.6 本书作者设计的崎岖海底模型和相应的叠前逆时偏移成像结果

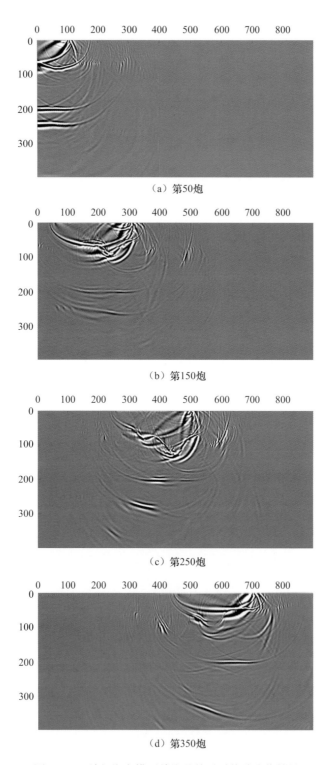

（a）第50炮

（b）第150炮

（c）第250炮

（d）第350炮

图 4.3.7   崎岖海底模型单炮叠前逆时偏移成像结果

4.3.2 深水海域双程波逆时偏移实例

图 4.3.8 是中国海域实际地震资料崎岖海底模型和相应的叠前逆时偏移成像结果。由于真实的地下速度模型是未知的,图 4.3.8(a)是基于地震数据通过偏移速度分析估算出的速度模型,作为实际地震数据叠前逆时偏移的速度模型(常旭等,2008)。模型大小 3238×600(网格),网格大小 12.5m×10m,介质速度 1422.69～4348.34m/s,记录时间长度 6s,采样点 1500,采样间隔 4ms,震源采用 Ricker 子波,共 1521 炮,炮点位置从模型左边(206,0)处右移,炮间距 25m,道间距 25m,每炮 198 道,采用右边放炮左边接收观测系统。图 4.3.8(b)是通过振幅补偿滤波后的叠前逆时偏移成像结果,从图中可以看出,深部有效目标层成像较好,振幅对应较好。图 4.3.8(c)是通过振幅补偿滤波后的叠前逆时偏移成像崎岖海底放大部分。图 4.3.9 是图 4.3.8 所用实际地震资料单炮偏移成像结果,图(a)～图(f)分别是第 1 炮、第 300 炮、第 600 炮、第 900 炮、第 1200 炮、第 1521 炮的叠前逆时偏移成像。

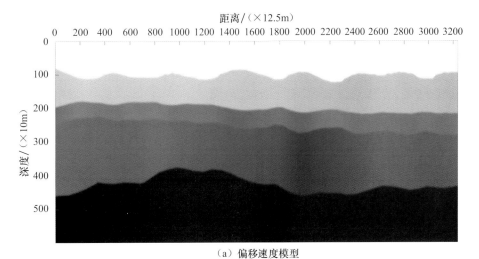

（a）偏移速度模型

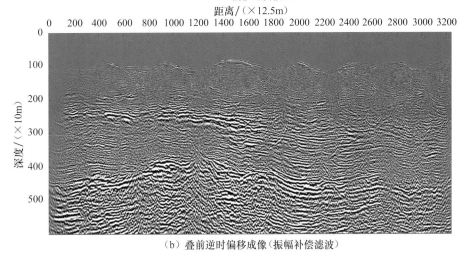

（b）叠前逆时偏移成像（振幅补偿滤波）

图 4.3.8　崎岖海底地区实际地震资料叠前偏移成像结果

距离/（×12.5m）

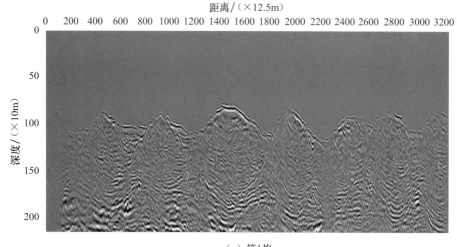

（a）第1炮

距离/（×12.5m）

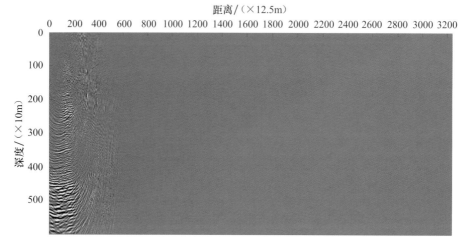

（b）第300炮

距离/（×12.5m）

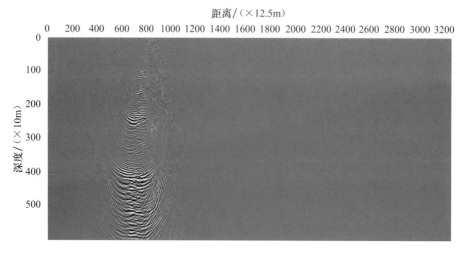

（c）第600炮

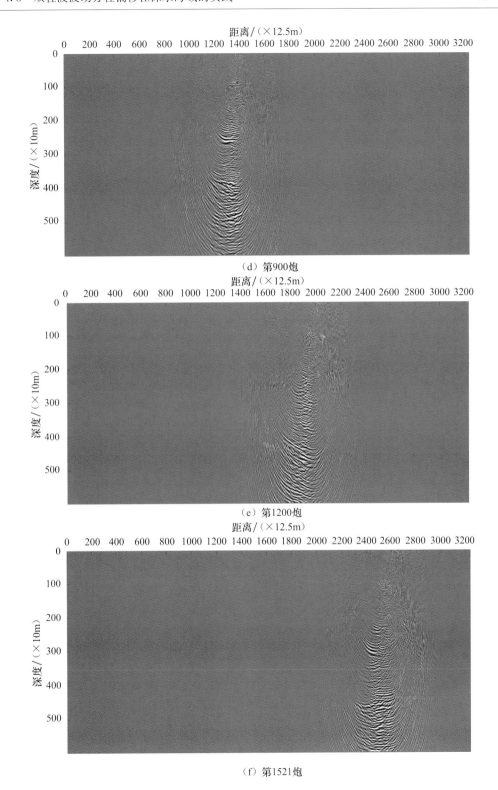

（d）第900炮

（e）第1200炮

（f）第1521炮

图 4.3.9 崎岖海底海域实际地震资料叠前逆时偏移单炮成像结果

第5章 多尺度波形反演与深度域地震波速度建模

5.1 波形反演的理论基础

5.1.1 深度域速度建模的需求

地震偏移成像需要速度模型,深度域偏移成像相对于时间域偏移成像对速度模型精度的要求更高。我国南海深水区海底地形及含油气构造极其复杂,同时存在水体动力环境不稳定等因素,加剧了地震波传播的复杂性,增大了地震波场有效信息提取的难度。在南海深水区钻井数据明显不足的情况下,如何从地震资料构建准确的深水区速度模型是地震成像研究不能回避的难点。南海深水油气地震成像首先必须解决复杂海底地形情况下的地震波速度场的建立问题,这一问题的解决对提高波动方程叠前深度偏移的精度至关重要,是波动方程叠前深度偏移方法体系中的关键问题。目前工业界一般利用偏移速度分析的方法建立速度模型,近年来快速发展的全波形反演方法,以理论波场与观测波场的波形拟合为准则进行反演,该方法完全利用了地震记录所携带的波形、振幅和相位信息,在理论上是一种极高精度的速度建模方法。本章主要介绍利用多尺度波形反演算法实现速度模型建立的方法。

5.1.2 波形反演速度建模方法原理

波形反演最早由 Lailly 和 Tarantola 等(Lailly,1983;Tarantola,1984)提出,其思想是建立一个反演目标函数使观测记录的波场数据和理论模拟波场的残差到达最小二乘最小。Lailly 最早提出波形最小二乘拟合反演在时间域的实现方法:作为模型扰动方向的目标函数梯度可以通过从源出射的正向传播波场和波场残差的逆向传播波场的互相关而得到,其算法与逆时偏移具有相同的算法结构,不同点在于逆时偏移逆时传播接收点记录波场,而波形反演逆时传播观测波场和模拟波场的残差。该方法在 Tarantola 的系统论述和推导之后成为波形反演的经典和标准实现方式。频率域波形反演实现公式最早由 Shin 推导得到[Shin,1988,转引自(Pratt,Shin et al.,1998)]。Pratt 等(Pratt,1990;Pratt and Worthington,1990;Pratt,Shin et al.,1998)系统论述并实现了频率域波形反演。其思路上将波动方程变换到频率域后对于某单一频点,时间域的逆时传播可以通过频率域波动方程的伴随(adjoint)方程实现。其优点主要表现在两个方面:①对于某一单频点,频率域波动方程求解最后归结为一个大型稀疏矩阵方程的求解,在完成该稀疏矩阵的 *LU* 分解之后,不同炮点计算只是不同于右端项的一个快速回代过程,如此对于多炮记录大大提高了计算效率。②利用波场频率和模型尺度的内在联系,选择先低频后高频的反演策略,只需少数离散的频点即可完成反演,同时这种自然的多尺度实现方式降低了反演的非线性特征,提高了解的稳定性。

随着计算机技术的发展,多处理器多核并行集群的使用,时间域波形反演多炮正演很容易实现并行计算。而频率域正演求解大规模问题 LU 分解并行越来越困难,加速比无法随着处理器数量的增加而显著提高;更甚者,对于三维问题当前计算机内存很难满足直接 LU 分解的要求,其多炮快速正演的优点正在逐渐丧失。而单频多尺度的优点在时间域上也很容易通过滤波方法实现。

5.1.3　波形反演速度建模发展前景

对于地震波形反演问题,时域和频域方法在处理不同情况下的问题时各有优缺点,而在反演方法可以看到目前应用较为广泛的是 Gauss-Newton 法、Newton 型法、梯度下降法(最速下降法),以及共轭梯度法,而在实际工程中所使用的正则化方法并不像正则化方法在理论上发展的那样丰富,所以将现有的正则化理论应用于实际中以得到更加稳定、精确的反演算法是必要的。此外,研究更加接近真实情况的模型能为实际勘探工作提供更好的反演结果,所以基于复杂介质模型的地震波形反演具有更重要的理论意义和应用价值。

全波形实际应用存在诸多问题。在全波形反演发展过程中,计算量太大,计算条件无法满足曾是该方法面临的主要难题,该问题如今仍然是困扰该技术应用的因素之一,尤其是三维模型反演。但就二维模型反演计算,计算能力已不是当前面临的最主要问题。除了计算方面的因素,该方法在理论和应用上面临着以下三方面的问题。

(1)虽然全波形反演完全利用了地震记录振幅和相位信息,但是研究所使用的理论模型和真实模型相去甚远,目前文献主要研究的仍然是完全弹性模型,使用标量声波方程。这种模型上的近似导致实际反演波形无法匹配。

(2)目前所研究的各种全波形反演方法其基本理论都来源于 Tarantola 等所建立的局部非线性反演方法。该方法存在反演目标函数可能陷入局部极小的问题。

(3)实际资料中存在的各种噪声,尤其是非高斯分布噪声导致反演无法收敛到真实模型。

近几年全波形反演研究对上述的问题进行了广泛探讨,大量的文献发表,但仍没有很好地解决。对这些问题开展进一步研究有很好的理论意义和应用价值。

5.2　多尺度频率域波形反演速度建模

5.2.1　地震波的频率域表示

频率域单频标量声波方程可写成如下形式:

$$\frac{\omega^2}{k(x,z)}\tilde{p}(x,z,\omega) + \frac{\partial}{\partial x}\left(\frac{1}{\rho(x,z)}\frac{\partial \tilde{p}(x,z,\omega)}{\partial x}\right) + \frac{\partial}{\partial z}\left(\frac{1}{\rho(x,z)}\frac{\partial \tilde{p}(x,z,\omega)}{\partial z}\right) = -\tilde{s}(x,z,\omega)$$

$$(5.2.1)$$

其中 ω 为频率, k 为体积模量, ρ 为密度, $\tilde{p}(x,z,\omega)$ 为频率域波场, $\tilde{s}(x,z,\omega)$ 为单频震源形式。

利用有限差分或者有限元法求解上式可简化为

$$A(k,\rho,\omega)\tilde{p} = \tilde{s} \tag{5.2.2}$$

由于矩阵 A 只与频率和模型参数相关,所以对于同一频率多炮数据具有相同的矩阵 A,对矩阵 A 进行 LU 分解有

$$LU[\tilde{p}_1,\tilde{p}_2,\cdots,\tilde{p}_n] = [\tilde{f}_1,\tilde{f}_2,\cdots,\tilde{f}_n] \tag{5.2.3}$$

利用(5.2.3)式正演多炮记录,算法时间复杂度和炮数无关,大大提高了多炮数据的正演计算效率,为频率域反演打下了良好的基础。

(5.2.1)式的数值解法,如有限元(Marfurt,1984)、有限差分(Hustedt, Operto and Virieux,2004;Jo, Shin and Suh,1996;Shin and Sohn,1998;Song, Williamson et al.,1995;Stekl,1997;Stekl and Pratt,1998)已经被广泛研究。这里的研究采用经 Stekl (1997)改进的 9 点混合网格,该方法实现简单,且精度基本能满足我们的波形反演要求。

5.2.2　频率域波形反演算法

对于频率域波形反演,构造如下的目标函数

$$C(\boldsymbol{m}) = \delta\tilde{\boldsymbol{p}}^{\mathrm{T}}\boldsymbol{W}_d\delta\tilde{\boldsymbol{p}}^* \tag{5.2.4}$$

其中 $\delta\tilde{\boldsymbol{p}} = \tilde{\boldsymbol{p}}_{\mathrm{obs}} - \tilde{\boldsymbol{p}}_{\mathrm{cal}}$ 为实际观测波场和理论计算波场的残差,上标 $*$ 表示复数共轭,T 为矩阵转置, $\boldsymbol{W}_d$ 表示加权算子。

最速下降法极小化目标函数公式为

$$\boldsymbol{m}_{k+1} = \boldsymbol{m}_k - \alpha_k(\boldsymbol{g}_m)_k \tag{5.2.5}$$

其中 $(\boldsymbol{g}_m)_k$ 为目标函数在模型 $\boldsymbol{m}_k$ 位置的梯度,即模型的扰动方向, α_k 为需要优化选取的校正步长。为了简化推导我们不考虑(5.2.4)式目标函数权重因子,展开为

$$C(\boldsymbol{m}) = \frac{1}{2}\left[(\tilde{\boldsymbol{p}}_{\mathrm{obs}} - \tilde{\boldsymbol{p}}_{\mathrm{cal}})^{\mathrm{T}}(\tilde{\boldsymbol{p}}_{\mathrm{obs}} - \tilde{\boldsymbol{p}}_{\mathrm{cal}})^*\right] \tag{5.2.6}$$

其梯度元素为

$$\boldsymbol{g}_i = \frac{\partial C(\boldsymbol{m})}{\partial \boldsymbol{m}_j} = -\frac{1}{2}\sum_{i=1}^{l}\left[\frac{\partial(\tilde{\boldsymbol{p}}_{\mathrm{cal}})_i}{\partial \boldsymbol{m}_j}(\delta\tilde{\boldsymbol{p}})^* + (\delta\tilde{\boldsymbol{p}})\frac{\partial(\tilde{\boldsymbol{p}}_{\mathrm{cal}})_i^*}{\partial \boldsymbol{m}_j}\right] \tag{5.2.7}$$

化简得

$$\boldsymbol{g}_i = -\sum_{i=1}^{N}\mathrm{Re}\left[\frac{\partial(\tilde{\boldsymbol{p}}_{\mathrm{cal}})_i}{\partial \boldsymbol{m}_j}(\delta\tilde{\boldsymbol{p}})^*\right] \tag{5.2.8}$$

其中 Re 表示取复数实部。

对应 Jacobi 矩阵为

$$J = \left[\frac{\partial \tilde{\boldsymbol{p}}_{\text{cal}}}{\partial \boldsymbol{m}_1}, \frac{\partial \tilde{\boldsymbol{p}}_{\text{cal}}}{\partial \boldsymbol{m}_2}, \cdots, \frac{\partial \tilde{\boldsymbol{p}}_{\text{cal}}}{\partial \boldsymbol{m}_n} \right] \tag{5.2.9}$$

即得

$$\boldsymbol{g} = \text{Re}\{\boldsymbol{J}^{\text{T}}(\delta \tilde{\boldsymbol{p}})^* \} \tag{5.2.10}$$

直接求取 $\boldsymbol{J}$ 计算量很大,所以如何避免直接求解 $\boldsymbol{J}$ 而得到梯度 $\boldsymbol{g}$ 是波形反演理论的关键和精髓。

我们回到频率域的正演公式(5.2.2),将公式两端对模型参数求偏导数,由于右端源项与模型参数无关,其偏导数为零,得

$$\boldsymbol{A}\frac{\partial(\tilde{\boldsymbol{p}}_{\text{cal}})}{\partial \boldsymbol{m}_i} = -\frac{\partial \boldsymbol{A}}{\partial \boldsymbol{m}_i}\tilde{\boldsymbol{p}}_{\text{cal}} \tag{5.2.11}$$

化简得

$$\frac{\partial(\tilde{\boldsymbol{p}}_{\text{cal}})}{\partial \boldsymbol{m}_i} = \boldsymbol{A}^{-1}\boldsymbol{f}^{(i)} \tag{5.2.12}$$

其中

$$\boldsymbol{f}^{(i)} = -\frac{\partial \boldsymbol{A}}{\partial \boldsymbol{m}_i}\tilde{\boldsymbol{p}}_{\text{cal}} \tag{5.2.13}$$

称为虚震源,写成矩阵形式有

$$\boldsymbol{F} = \left[\boldsymbol{f}^{(1)}, \boldsymbol{f}^{(2)}, \cdots, \boldsymbol{f}^{(n)} \right] \tag{5.2.14}$$

则有

$$\boldsymbol{J} = \left[\frac{\partial \tilde{\boldsymbol{p}}_{\text{cal}}}{\partial \boldsymbol{m}_1}, \frac{\partial \tilde{\boldsymbol{p}}_{\text{cal}}}{\partial \boldsymbol{m}_2}, \cdots, \frac{\partial \tilde{\boldsymbol{p}}_{\text{cal}}}{\partial \boldsymbol{m}_n} \right] = \boldsymbol{A}^{-1}\boldsymbol{F} \tag{5.2.15}$$

代入(5.2.10)式有

$$\boldsymbol{g} = \text{Re}\{\boldsymbol{F}^{\text{T}}[\boldsymbol{S}^{-1}]^{\text{T}}(\delta \tilde{\boldsymbol{p}})^* \} \tag{5.2.16}$$

根据波动方程 Green 函数可互换原理

$$\tilde{\boldsymbol{p}}_b = [\boldsymbol{S}^{-1}]^{\text{T}}(\delta \tilde{\boldsymbol{p}})^* \tag{5.2.17}$$

即为波场残差的逆向传播波场。将(5.2.13)式和(5.2.17)式代入(5.2.16)式

$$\boldsymbol{g} = \text{Re}\left\{ \tilde{\boldsymbol{p}}_{\text{cal}} \frac{\partial \boldsymbol{A}}{\partial \boldsymbol{m}_i}\tilde{\boldsymbol{p}}_b \right\} \tag{5.2.18}$$

由(5.2.18)式计算得到了梯度 $\boldsymbol{g}$,优化选取步长后,利用(5.2.5)式即可实现一次模型更新。(5.2.5)式为最速下降法公式,该算法收敛速度慢。为了提高收敛速度,需对梯度公式进行预条件处理,采用预条件最速下降法或者预条件共轭梯度法。

在时间域,Mora(1987)和 Boonyasiriwat 等(2009)研究采用预条件共轭梯度法。在

频率域,Pratt 对比研究了多种不同的局部非线性反演方法,如梯度法、Gauss-Newton 法、Newton 法(Pratt,Shin et al.,1998);Hu 等研究了预条件共轭梯度法(Hu et al.,2011);Brossier 等研究了拟 Newton 法的有限内存 BFGS 法(Brossier,2011)。对于最速下降法,预条件处理可以提高收敛速度,如果预条件子选取合适,效果非常显著。一种简单的预条件处理是几何扩散补偿(Causse et al.,1999;Luo,Schuster,1991),其公式为

$$\boldsymbol{g}_{\text{precondition}} = \boldsymbol{g} \parallel \boldsymbol{x} - \boldsymbol{x}_s \parallel^{\frac{1}{2}} \cdot \parallel \boldsymbol{x} - \boldsymbol{x}_r \parallel^{\frac{1}{2}} \tag{5.2.19}$$

其中,$\boldsymbol{g}_{\text{precondition}}$ 为预条件处理后的梯度;$\boldsymbol{x}, \boldsymbol{x}_s, \boldsymbol{x}_r$ 分别为模型参数、炮点、检波点位置。上述预条件处理只考虑模型参数、炮点、检波点三者之间的几何位置,且假设波路径按直射线传播,按上述假设进行几何扩散补偿处理效果不明显。好的预条件选择应考虑波在给定模型中的实际传播效应。Shin 等(2001)提出利用近似 Hessian 矩阵(Pratt,Shin et al.,1998)对角元作为预条件子,该方法在波形反演中得到了很好的应用(Operto,Virieux et al.,2006;Ravaut,Operto et al.,2004),其公式为

$$\boldsymbol{g}_{\text{precondition}} = (\text{diag}\boldsymbol{H}_a + \varepsilon\boldsymbol{I})^{-1}\boldsymbol{g} \tag{5.2.20}$$

其中 ε 为稳定性处理的阻尼因子,$\boldsymbol{H}_a$ 为近似 Hessian 矩阵,展开(5.2.20)式有

$$\text{diag}\boldsymbol{H}_a = \text{diag}(\boldsymbol{J}^{\text{T}}\boldsymbol{J}^*)$$

$$\approx \begin{pmatrix} \frac{\partial(\tilde{\boldsymbol{p}}_1)}{\partial\boldsymbol{m}_1}\left(\frac{\partial(\tilde{\boldsymbol{p}}_1)}{\partial\boldsymbol{m}_1}\right)^* & 0 & \cdots & 0 \\ 0 & \frac{\partial(\tilde{\boldsymbol{p}}_2)}{\partial\boldsymbol{m}_2}\left(\frac{\partial(\tilde{\boldsymbol{p}}_2)}{\partial\boldsymbol{m}_2}\right)^* & \cdots & 0 \\ \vdots & \vdots & & \vdots \\ 0 & 0 & \cdots & \frac{\partial(\tilde{\boldsymbol{p}}_n)}{\partial\boldsymbol{m}_n}\left(\frac{\partial(\tilde{\boldsymbol{p}}_n)}{\partial\boldsymbol{m}_n}\right)^* \end{pmatrix} \tag{5.2.21}$$

其中上标 T 和 * 分别为矩阵转置和复数共轭,$\tilde{\boldsymbol{p}}$ 为正演波场。(5.2.21)式对角元为偏导数波场自相关值。波场的自相关可视为成像照明度,因此,该预条件子实质是按照波场照明度进行振幅补偿。

(5.2.20)式为预条件最速下降法梯度公式。预条件共轭梯度法算法(Boonyasiriwat,Valasek et al.,2009)如图 5.2.1 所示。

上述伪代码即为预条件共轭梯度法实现方式,采用 Polak-Ribiere-Polyak 公式,$\boldsymbol{P}$ 为预条件子,$\boldsymbol{P}$ 可以归化为预条件梯度公式中,即将图 5.2.1 伪代码中 $\boldsymbol{g}$ 替换成(5.2.20)式中的 $\boldsymbol{g}_{\text{precondition}}$,则 $\boldsymbol{P}=\boldsymbol{I}$。

有限内存 BFGS 实现算法(Brossier,2011)如图 5.2.2 所示。

```
if  k=1 then
            d₁=-g₁
else
      βₖ= gₖᵀ(Pₖgₖ-Pₖ₋₁gₖ₋₁)
          ─────────────────
             gₖ₋₁ᵀPₖ₋₁gₖ₋₁

      dₖ=-Pₖgₖ+βₖdₖ₋₁
end if
```

图 5.2.1　预条件共轭
梯度法算法伪代码

```
if   k=1   then

d₁=(diagHₐ+εI)⁻¹g₁

else

dₖ=(diagHₐ+εI)⁻¹gₖ

calculate and store    yₖ₋₁=dₖ-dₖ₋₁

q←dₖ

for   i=k-1 to k-mem   do

ρᵢ←──────
     yᵢᵀsᵢ
       1


αᵢ←ρᵢsᵢᵀq

q←q-αᵢyᵢ

end  for

      sₖ₋₁ᵀyₖ₋₁
γₖ←──────────
      yₖ₋₁ᵀyₖ₋₁


r←γₖq

for  k-mem  to  k-1 do

β←ρᵢyᵢᵀr
```

图 5.2.2 有限内存 BFGS 法算法伪代码

5.2.3 多尺度频率域波形反演算法

局部优化波形反演面临的一个重要的问题是由于存在非线性问题,迭代过程目标函数容易陷入局部极小而无法得到满意的解。对于时间域波形实现方法,Bunks(Bunks,Saleck et al.,1995)系统地论述了该问题,并引入多重网格技术利用多尺度方法降低非线性,将局部极小分散到不同的尺度。由于在大尺度上局部极小点少且彼此分开,反演能稳定收敛到全局极小,并且其解在其之上较小尺度解的邻域。故而其多尺度实现策略为先在大尺度上反演,将大尺度上的解作为上一个较小尺度上反演迭代初模型,该实现方法大大降低了非线性,可以得到稳定收敛。由于地震数据中的低频成分对模型的长波长成分更敏感,Bunks方法大尺度在成像域对应模型的长波长成分,在数据域对应地震数据中低频成分。其实现方法是对地震数据进行低通滤波,将滤波结果作为反演的观测数据,先进行低频段数据反演,将反演结果作为更宽频带数据反演的开始模型,逐渐增大频带宽度。

　　经典的单频顺序频率域波形反演实现方法是一个自然的多尺度方法,其反演策略是选取有限的离散的频点,从低频到高频顺序反演,前一频率成分反演结果作为下一个频率成分反演的开始模型。但是单频顺序反演也存在其固有的缺点:每次迭代只处理一个频率的信息,对存在非随机噪声数据抗干扰能力差;由于每个频率成分单独进行,每个频率成分独立迭代反演,导致过剩的迭代次数。和单频顺序反演不同,多个频率成分同时反演可提高抗噪能力,但是不如单频顺序反演稳定,且精度也不如单频顺序反演高。为了同时兼顾单频反演和多频同时反演的优点,研究者提出了分组多频联合反演和重叠分组多频联合反演(Sourbier et al.,2009)。

　　多尺度波形反演通常就是指从低频到高频逐渐进行反演的方法,而实际上多尺度概念要宽泛很多。多尺度方法思路是将目标函数进行多尺度分解,从大尺度向小尺度逐步反演,前一尺度的反演结果作为下一尺度反演的初值结果,通过这种逐步反演可以避免反演陷入局部极值。本书将波形反演问题在成像域和数据域进行的分解实施方法都归为多尺度方法。根据这个定义多尺度方法包括①分频法;②时窗法;③复频率法;④offset 加窗法。时窗法在时域数据中应用,如 early-arrival 反演(Sheng,Leeds et al.,2006),在模型上表现为剥层效果;复频率法是衰减处理的时域数据变换到频域后的形式,如 Shin 的Laplace-Fourier 法(Shin and Cha,2009);剥层法可通过数据加时窗法或者 offset 加窗法来实现。offset 加窗法在模型上也表现出剥层法效果。

　　这里我们主要论述频率域波形反演中存在非线性的局部极值问题,探讨应用多种多尺度方法消除这种局部极值存在产生的解不稳定性。

　　由于波形反演存在非线性,迭代过程目标函数容易陷入局部极小而无法得到满意的解。多尺度反演方法是地球物理学家为实现这个目标而找到的一种有效的现实策略。其思路是将目标函数进行多尺度分解,尺度分解后原目标函数的极值也相应分解到不同的尺度上。通常大尺度极值对应模型的大尺度异常特征,极值较少,反演稳定且对初始模型的依赖性小;而小尺度极值对应模型的小尺度异常特征,可以精细刻画模型细节,但依赖初始模型。多尺度反演就是从大尺度向小尺度逐步反演,前一尺度的反演结果作为下一尺度反演的初值结果,通过这种逐步反演可以避免反演陷入局部极值。

1. 分频法

　　分频法在时域中可用 Bunks 采用的实现方法,其迭代拟合的目标函数的多尺度形式变换到频率域可写成

$$s_k = \sum_S \sum_R \int_0^{\omega_k} \| \delta p_k(\omega) \| \, \mathrm{d}\omega \qquad (5.2.22)$$

其中 s_k 为第 k 尺度上的目标函数,ω_k 为低通滤波的截止频率,在整个多尺度反演过程中 ω_k 逐渐增大,$\delta p_k(\omega)$ 为残差记录低通滤波后的 Fourier 谱。分析目标函数可见在反演过程中残差记录的能量谱 $\| \delta p_k(\omega) \|$ 作为一个权重因子调节不同频率成分波能量在目标函数拟合中的权重。

　　频率域波形反演只选用离散的有限个频点进行反演,经典的单频顺序实现方法可写成如下的多尺度目标函数:

$$s_1 = \sum_S \sum_R \| \delta p(\omega_1) \| \to s_2 = \sum_S \sum_R \| \delta p(\omega_2) \| \to \cdots \to$$

$$s_n = \sum_S \sum_R \| \delta p(\omega_n) \| \tag{5.2.23}$$

由于每个频率成分单独反演,所以每个频率成分在整个反演过程中具有相同的权重。

单纯的多频联合反演的目标函数为

$$s = s_1 + s_2 + \cdots + s_n = \sum_S \sum_R \sum_k \| \delta p(\omega_k) \| \tag{5.2.24}$$

与 Bunks 方法一样多频联合反演过程中残差记录的能量谱 $\| \delta p_k(\omega) \|$ 作为一个权重因子调节不同频率成分波能量在目标函数拟合中的权重。由于单频顺序具有多尺度稳定的特点和多频联合反演具有较好的抗干扰能力,在此基础上取长补短,提出了分组实现的多尺度多频联合方法,其目标函数可写成

$$s_{g_1} = \sum_S \sum_R \sum_{g_1} \| \delta p(\omega_k) \| \to s_{g_2} = \sum_S \sum_R \sum_{g_2} \| \delta p(\omega_k) \| \to \cdots \to$$

$$s_{g_n} = \sum_S \sum_R \sum_{g_n} \| \delta p(\omega_k) \| \tag{5.2.25}$$

即参与反演的各单频成分被分成几个频率组,每个频率组内各单频成分组成多频联合反演。分组可以采用无重叠和重叠两种方式。若在每一个反演尺度上频率组使用上一反演尺度所有频率成分,则在频率域中实现了等价于 Bunks 的低通滤波方法,其目标函数为

$$s_{g_1} = \sum_S \sum_R \sum_{g_1} \| \delta p(\omega_k) \| \to s_{g_2} = s_{g_1} + \sum_S \sum_R \sum_{g_2} \| \delta p(\omega_k) \| \cdots \to$$

$$s_{g_n} = s_{g_{(n-1)}} + \sum_S \sum_R \sum_{g_n} \| \delta p(\omega_k) \| \tag{5.2.26}$$

Bunks 方法中能量谱 $\| \delta p_k(\omega) \|$ 作为一个权重因子调节不同频率成分波能量在目标函数拟合中的权重。反演中可采用加权因子均衡不同频率成分对反演的贡献。例如,由于低频成分在上一尺度反演中已经得到一定程度的拟合,在当前尺度反演中加大新增频率成分权重以突出新增频率成分对当前尺度反演的贡献。可采用如下的多尺度目标函数的反演:

$$s_{g_1} = \sum_S \sum_R \sum_{g_1} \| \delta p(\omega_k) \| \to s_{g2} = \sum_S \sum_R \sum_{g_2} (w_1 \| \delta p(\omega_1) \| + w_2 \| \delta p(\omega_2) \|) \cdots \to$$

$$s_{g_n} = \sum_S \sum_R \sum_{g_n} (w_1 \| \delta p(\omega_1) \| + w_2 \| \delta p(\omega_2) \| + \cdots + w_n \| \delta p(\omega_n) \|) \tag{5.2.27}$$

其中 $w_1, w_2, \cdots, w_n$ 用来均衡不同频率成分的能量。

2. 复频率法

频率域波形反演多尺度策略的另一条容易实现的思路是采用复频率法:在积分变换中 Laplace 变换有如下形式:

$$P(x,z,s) = \int_0^\infty p(x,z,t)\mathrm{e}^{-st}\,\mathrm{d}t, \quad s = \sigma + \mathrm{i}\omega \tag{5.2.28}$$

其中 σ 为时间域衰减因子,ω 为 Fourier 域的频率,两者一起构成复频率 s。Laplace 变换效果相当于信号先对 $p(x,z,t)$ 在时间方向进行指数衰减,再进行 Fourier 变换。

在波场正演中将波场和震源子波都进行 Laplace 变换:

$$\overline{P}(x,z,\omega_c) = \int_{-\infty}^{+\infty} p(x,z,t)\mathrm{e}^{-\mathrm{i}\omega_c t}\,\mathrm{d}t$$

$$\overline{F}(x,z,\omega_c) = \int_{-\infty}^{+\infty} f(x,z,t)\mathrm{e}^{-\mathrm{i}\omega_c t}\,\mathrm{d}t$$

$$\omega_c = \omega - \mathrm{i}\sigma \tag{5.2.29}$$

即得到与频率域波场正演公式完全相同的形式:

$$\boldsymbol{S}(\omega_c)\overline{P} = \overline{F} \tag{5.2.30}$$

不同点在于频率域中实频率 ω 变成了复频率 ω_c,利用公式(5.2.30)采用和频率域正演完全相同的算法计算复频率波场 $\overline{P}$,得到复频率波场后即可进行波形反演。

在复频率法使用中,如何选取衰减因子 σ 和频率 ω 是关键,不同的选取方法产生了两种完全不同的结果。一种是 Brenders 等采用的类似剥层效果的方法(Brenders,Pratt,2007),另一种是 Shin 等研究的 Laplace-Fourier 法(Shin,Cha,2009)。Brenders 等使用逐渐减小的衰减因子,反演过程表现为在信息利用上先用 early-arrival,逐步增加 later-arrival 能量进行反演,反演结果上表现为先反演浅层,逐步过渡到深层的剥层效果;Shin 等研究的 Laplace-Fourier 域波形反演方法,该方法使用很低的频率成分和较大的衰减因子,使衰减因子成为复频率模的主值。该方法因研究表明能一定程度上解决低频缺失问题,反演结果反映模型的长波长信息而引起了学术界广泛的兴趣。

3. 频点优选方法

频率域波形反演方法使用离散的多个频点数据单频点顺序或者多频点联合反演即可得到很高分辨率的反演结果,Sirgue 和 Pratt(2004)研究了通过优选频点、使用尽可能少的频点得到相同精度的反演结果,同时提高波形反演的效率。根据 Sirgue 的理论,假定最大炮检距为 $2h_{\max}$,模型深度为 z,模型速度为 c_0,对于某一个频率 f,其一维介质垂直波数 k_z 为 $[k_{\min}, k_{\max}]$,

$$k_{\min} = \frac{4\pi f}{c_0}\alpha_{\min}, \quad k_{\max} = \frac{4\pi f}{c_0} \tag{5.2.31}$$

其中 $\alpha_{\min}$ 为最大散射余弦,可由如下公式求得

$$\alpha_{\min} = \frac{1}{\sqrt{1 + (h_{\max}/z)^2}} \tag{5.2.32}$$

为了使反演所用频率的波数连续且尽可能不多余,应满足

$$k_{z\min}(f_{n+1}) = k_{z\max}(f_n) \tag{5.2.33}$$

其中 f_{n+1} 为 f_n 的下一个选取的频点的频率,将(5.2.31)式代入(5.2.33)式,得到

$$f_{n+1} = \frac{f_n}{\alpha_{\min}} = f_n \sqrt{1 + (h_{\max}/z)^2} \tag{5.2.34}$$

(5.2.34)式即频域优化选取公式。

　　Sirgue 等建立的以上频点优选方法假设介质为匀速,且波场全孔径接收。虽然在一些应用中证实了有较好的效果(Brenders,Pratt,2007),但在复杂模型反演中存在一些困难。本书研究后建议参考该理论的选取方法,实际应用中选取更小间隔的频点。降低频点间数据的冗余度,提高计算效率可以通过各频点反演迭代的退出准则控制来实现,即使用较多频点,减少每个频点的迭代次数,当某个频点收敛速度很慢或者目标函数满足某一条件后立即跳到下一频点进行反演,良好的迭代退出准则可以降低多余迭代,提高反演速度。

5.2.4　多尺度频率域波形反演数值算例

1. 自然科学基金图标模型

为了测试本书中的算法,设计了基金图标模型,模型参数如下
模型网格参数:$nz = 100$,$nx = 600$,$dx = 25\mathrm{m}$,$dz = 25\mathrm{m}$;
观测系统:道距 25m,全排列接收;
炮距 50m,计 300 炮;
采集参数:主频 30,采样间隔 0.004s;
反演频率:1.5~30Hz,分选 20 个频率成分;
初始速度:背景速度;
多尺度方法:单频顺序。

　　图 5.2.3 显示了模型反演结果和中间输出结果,其中图 5.2.3(a)为真实模型,其中背景速度 2800m/s,图标异常体速度 2520m/s。图 5.2.3(b)~图 5.2.3(d)显示了 1.5Hz 频率、4.5Hz 频率和 30Hz 频率反演结果,结果可见单频顺序反演低频反演结果为模型的长波波长成分,随着反演频率逐渐升高,模型短波波长的细节逐渐被刻画。试算表明对于简单的速度异常体模型,利用单频顺序反演可以得到很好的反演结果。

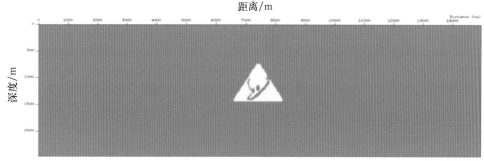

（a）真实模型

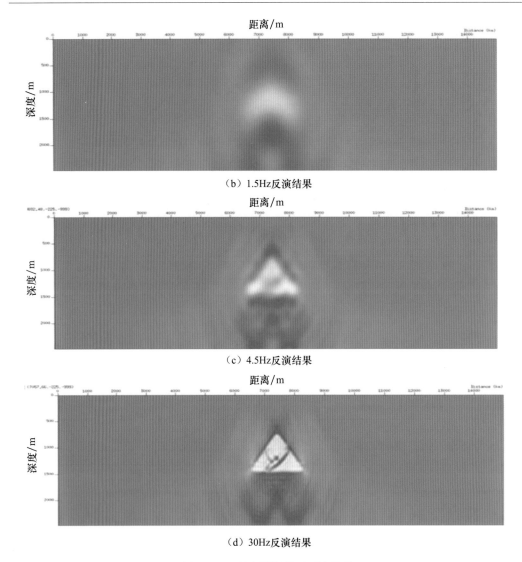

（b）1.5Hz反演结果

（c）4.5Hz反演结果

（d）30Hz反演结果

图 5.2.3　基金图标模型反演结果

2. Marmousi 模型测试

Marmousi 通常被作为评价二维复杂模型偏移方法的标准模型。Marmousi 真实模型如图 5.2.4(a)所示，该模型结构复杂，包含一套逆冲断层，层间速度变化剧烈，模型最低速度 1500m/s，最高速度 5500m/s。试算采用（1500～4000）m/s 线性变化初始模型(b)，应用单频顺序反演，反演频点：0.3～18Hz，频率间隔 0.3Hz，共计 60 个频点，每个频点最多迭代 10 次。图 5.2.4(c)显示了最终的反演结果。由图 5.2.4 可见频率域单频顺序反演具有很高的反演精度，模型从浅到深主要的构造特征得到了很好的刻画。

3. Overthrust 模型测试

Overthrust 模型常被作为模型反演的测试模型，该模型是 SEG 三维盐丘模型的一个

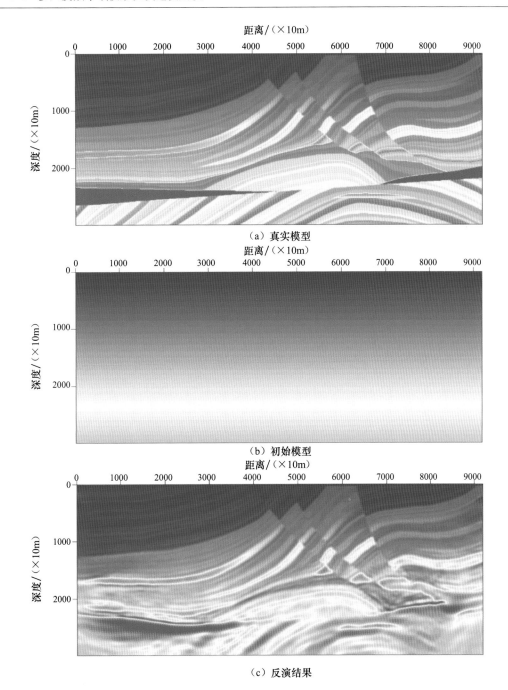

（a）真实模型

（b）初始模型

（c）反演结果

图 5.2.4 Marmousi 模型反演结果

切片，模型构造复杂，模型最低速度 2350m/s，最高速度 6000m/s。Sourbier 等（2009）对该模型反演初始模型使用真实模型的平滑结果进行波形反演，得到了很好的结果。

为了测试本书研究的 Laplace-Fourier 法和复频率法反演效果，本测试使用 4000m/s 的均匀速度模型作为初始模型。图 5.2.5 显示了反演结果和中间输出结果。图 5.2.5(a)为真实的 Overthrust 模型,该模型包含一套逆冲断层,表层存在很小尺度的速度异常体。首先利用 Shin 的 Laplace-Fourier 域反演方法,图(b)为选用衰减因子为 1,频率为 $0.3 \sim 2.1Hz$,反演频点频率间隔 $0.3Hz$,共计 7 个频点,每个频点迭代反演 10 次的结果。该结果反映了真实模型的长波长成分,是一个大尺度平滑的背景速度。由 Laplace-Fourier 域反演得到背景速度后,使用复频率法继续反演,复频率法实施步骤如下:选取 5,2.5,1,1/2,1/3,1/4,1/5 七个衰减因子;选取 $3 \sim 21Hz$,频域间隔 $3Hz$ 的七个频点;选定一个衰减因子和七个频率点组成七个复频率,顺序反演,每个复频率最多迭代 10 次;完成一个衰减因子反演后,选取下一个衰减因子和上一组进行相同操作。总计反演 49 个复频率,每个复频率最多反演 10 次。图(c)~图(g)显示了部分输出结果。其中图(c)所用衰减因子为 5,频率为 3Hz 第一次迭代输出结果,由图可见,由于选用很大的衰减因子,残差拟合主要利用了靠近初至部分波场(early-arrival)的信息,反演结果表现为只更新了表层模型,且反演结果主要为模型长波长成分。图(d)显示了衰减因子为 1,频率 9Hz 第一次迭代输出的结果。图(e)显示了衰减因子为 1,频率为 21Hz 迭代 10 次输出的结果。对比分析图(c)~图(e)可见,随着衰减因子减小,后至波信息逐渐参与反演,逐渐反演得到深部信息,同时随着频率成分的提高,模型细节逐渐被刻画。图(f)显示了衰减因子为 1/3,频率为 21Hz 迭代 10 次输出的结果,图(g)显示了衰减因子为 1/5,频率为 21Hz 迭代 10 次输出的结果,即本次测试的最终输出结果,对比分析图(e)~图(g)可知,随着衰减因子进一步减小,模型的深层部分进一步得到反演,而对比图(f)和图(g)发现浅层反演结果反而在变差,其中的原因就是随着衰减因子减小后,波形残差拟合越来越多利用后至波信息,如果不加入任何约束条件,反演结果的多解性就会出现,从而导致结果变差。

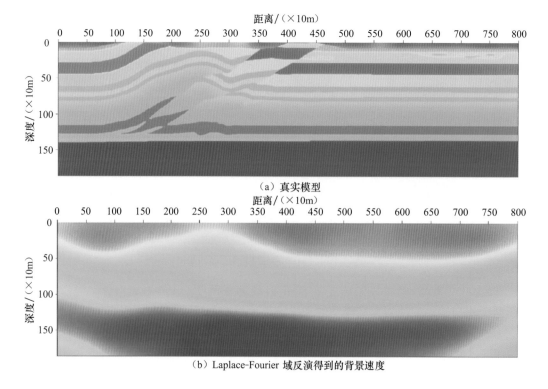

(a) 真实模型

(b) Laplace-Fourier 域反演得到的背景速度

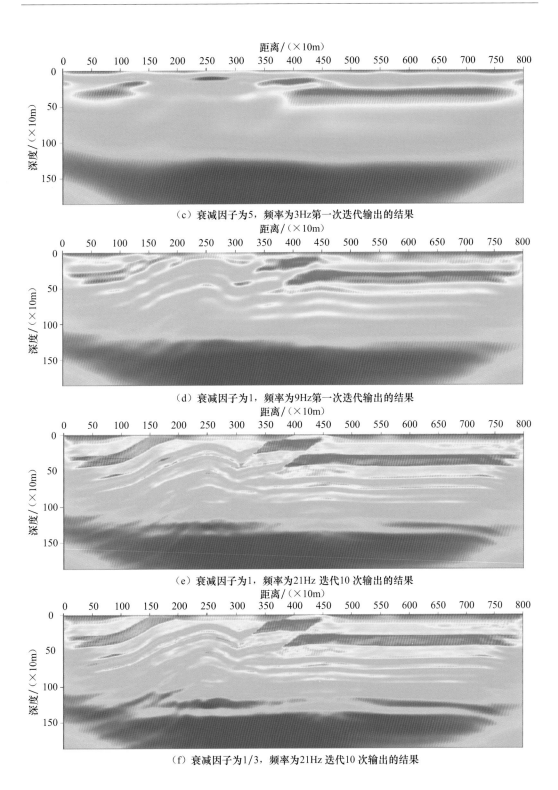

（c）衰减因子为5，频率为3Hz第一次迭代输出的结果

（d）衰减因子为1，频率为9Hz第一次迭代输出的结果

（e）衰减因子为1，频率为21Hz 迭代10 次输出的结果

（f）衰减因子为1/3，频率为21Hz 迭代10 次输出的结果

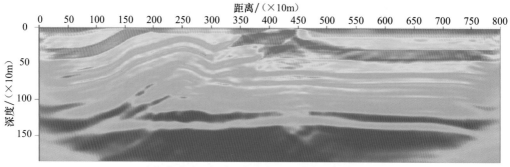

（g）衰减因子为1/5，频率为21Hz 迭代10 次输出的结果

图 5.2.5　Overthrust 模型反演结果

　　这一点说明了对于从均匀速度模型开始的全波形反演，只利用频率分解尺度进行多尺度反演，仍然难以消除反演目标函数的局部极值。需要采取多级的多尺度反演。本算例使用时间衰减和频率组合的复频率法验证了多尺度波形反演方法更少地依赖初始模型，可以得到稳定收敛的结果。

5.3　多尺度时间域波形反演速度建模

5.3.1　多尺度时间域波形反演算法

　　时间域标量波动方程写成如下形式：

$$\frac{1}{\kappa^3(\boldsymbol{x})}\frac{\partial^2 p(\boldsymbol{x},t;\boldsymbol{x}_s)}{\partial t^2}-\nabla\cdot\left[\frac{1}{\rho(\boldsymbol{x})}\nabla p(\boldsymbol{x},t;\boldsymbol{x}_s)\right]=s(t)\delta(\boldsymbol{x}-\boldsymbol{x}_s) \tag{5.3.1}$$

其中 $\kappa(\boldsymbol{x})=\rho(\boldsymbol{x})v^2(\boldsymbol{x})$ 为体积模量，$v(\boldsymbol{x})$ 为模型速度，$\rho(\boldsymbol{x})$ 为模型密度，$\boldsymbol{x}$ 为模型网格位置，$s(t)$ 为震源，$\delta(\cdot)$ 为 Dirac 函数，$\boldsymbol{x}_s$ 为震源位置，$p(\boldsymbol{x},t;\boldsymbol{x}_s)$ 为波场。（5.3.1）式可使用有限差分、有限元等数值解法方便求解，本书采用 16 阶交错网格有限差分公式。（5.3.1）式解可写成如下形式：

$$p(\boldsymbol{x},t;\boldsymbol{x}_s) = G(\boldsymbol{x},t;\boldsymbol{x}_s,0) * s(t) \tag{5.3.2}$$

其中 $G(\boldsymbol{x},t;\boldsymbol{x}_s,0)$ 为 Green 函数，$*$ 为褶积。由（5.3.2）式得到的波场记为 p_{cal}，实际观测波场记为 p_{obs}，时间域波形反演，即求使目标函数

$$C(\boldsymbol{m}) = \frac{1}{2}\sum_{s\in S}\sum_{r\in R_s}\int_0^T (p_{\text{obs}}(\boldsymbol{x},t;\boldsymbol{x}_s) - p_{\text{cal}}(\boldsymbol{x},t;\boldsymbol{x}_s))^2 \mathrm{d}t \tag{5.3.3}$$

最小的模型 $\boldsymbol{m}$。

　　根据非线性优化理论，若利用梯度类或 Newton 法求取目标函数 $C(\boldsymbol{m})$ 的极值问题，需求得目标函数在当前模型位置的梯度。Lailly(1983)第一次给出了如下的计算公式：

$$g_\kappa = \frac{1}{\kappa^2(\pmb{x})} \sum_{s \in S} \sum_{r \in R_s} \int_0^T \frac{\partial^2 p(\pmb{x},t;\pmb{x}_s)}{\partial t^2} p_b(\pmb{x},t;\pmb{x}_s,\pmb{x}_r) \mathrm{d}t \tag{5.3.4}$$

其中 g_κ 为目标函数对 κ 的梯度方向，$p(\pmb{x},t;\pmb{x}_s)$ 为公式(5.3.2)得到的正演波场，$p_b(\pmb{x},t;\pmb{x}_s,\pmb{x}_r)$ 为波场残差的逆时传播波场

$$p_b(\pmb{x},t;\pmb{x}_s,\pmb{x}_r) = G(\pmb{x},-t;\pmb{x}_r,0) * \delta p(\pmb{x}_r,t;\pmb{x}_s) \tag{5.3.5}$$

其中 $\delta p(\pmb{x}_r,t;\pmb{x}_s)$ 为波场残差。

Tarantola(1984)在 Lailly 的基础上推导出如下的梯度公式：

$$g_\kappa = \frac{1}{\kappa^2(\pmb{x})} \sum_{s \in S} \sum_{r \in R_s} \int_0^T \frac{\partial p(\pmb{x},t;\pmb{x}_s)}{\partial t} \frac{\partial p_b(\pmb{x},t;\pmb{x}_s,\pmb{x}_r)}{\partial t} \mathrm{d}t \tag{5.3.6}$$

Luo(1991)等推导得到

$$g_\nu = \frac{1}{\nu^2(\pmb{x})} \sum_{s \in S} \sum_{r \in R_s} \int_0^T \frac{\partial p(\pmb{x},t;\pmb{x}_s)}{\partial t} \frac{\partial p_b(\pmb{x},t;\pmb{x}_s,\pmb{x}_r)}{\partial t} \mathrm{d}t \tag{5.3.7}$$

(5.3.7)式为本书计算所用的速度校正梯度方向。由(5.3.7)式可见，波形反演校正梯度方向公式和逆时偏移成像具有完全相同的算法结构，不同之处在于波形反演将波形残差而非观测波场逆时传播，其成像条件为正传波场和逆传波场对时间一阶导数的零延迟互相关。计算得到梯度方向之后，可用如下的最速下降法公式更新模型：

$$\pmb{m}_{k+1} = \pmb{m}_k - \alpha_k (\pmb{g}_m)_k \tag{5.3.8}$$

其中下标 k 为迭代次数；$\pmb{m}$ 为模型参数，α 为需要优化选取的校正步长。

时窗法(early-arrival 反演)

复频率法相当于波场在时间域进行指数衰减后再变换到频率域，对于时间域波形反演，可以采用更加灵活的时窗处理。early-arrival 特指地震初至后几个子波长度的波场信息。early-arrival 反演就是只利用 early-arrival 信息的波形反演。Pratt 和 Worthington (1988)最早在井间地震波形反演中应用了该方法。Sheng 等(2006)研究该方法进行表层速度建模，研究认为 early-arrival 反演相比走时初至反演则利用了更多的波场信息，反演结果具有更高的分辨率。此外 early-arrival 反演相比全波形反演其目标函数局部极值较少，反演结果更稳定。early-arrival 反演实现首先利用在时间域记录上切除 early-arrival 之外地震信息，然后用时间域波形反演实现。

对于时间域 Bunks 利用多重网格技术，对地震数据进行低通滤波，将滤波结果作为反演的观测数据，先进行低频段数据反演，将反演结果作为更宽频带数据反演的开始模型，逐渐增大频带宽度，由此实现了时间域波形反演多尺度反演。

为了直观显示不同频率记录拟合的目标函数在迭代反演过程中的变化情况，图 5.3.1 显示了一个两层模型用不同频率子波模拟反射地震数据拟合函数变化。假设反射界面深度为 200m，真实速度为 1000m/s；反演参数只有一个，即第一层速度。模拟采用 Ricker 子波，为了突出比较，分别采用 0.5Hz,1Hz,5Hz,10Hz 主频的子波用褶积方法合

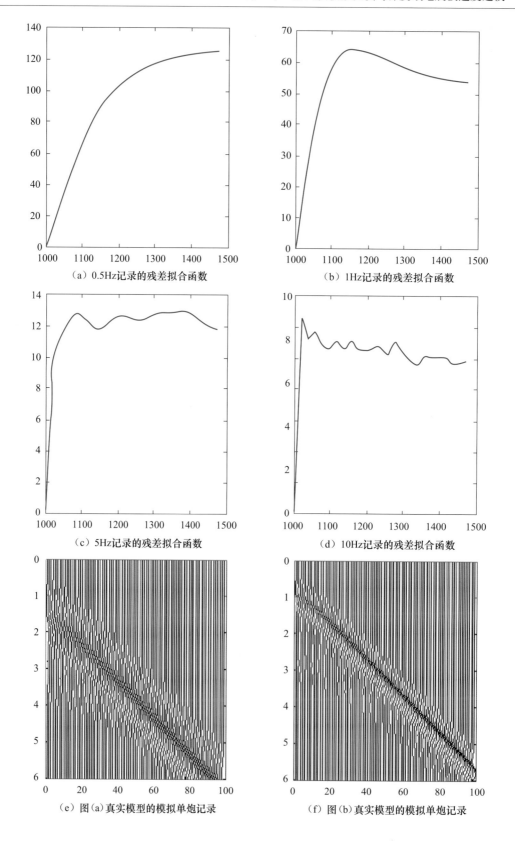

（a）0.5Hz记录的残差拟合函数

（b）1Hz记录的残差拟合函数

（c）5Hz记录的残差拟合函数

（d）10Hz记录的残差拟合函数

（e）图（a）真实模型的模拟单炮记录

（f）图（b）真实模型的模拟单炮记录

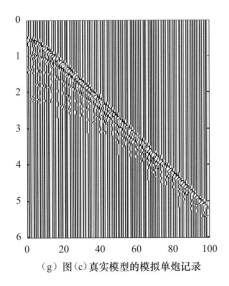
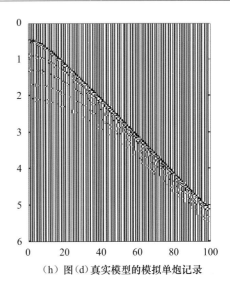

（g）图（c）真实模型的模拟单炮记录　　　（h）图（d）真实模型的模拟单炮记录

图 5.3.1　不同频率波场记录拟合函数及其单炮记录

成地震记录,并求取不同速度变化(1000～1500m/s)产生的数据残差拟合度。图(a)为 0.5Hz 记录的残差拟合函数,图(b)为 1Hz 记录的残差拟合函数,图(c)为 5Hz 记录的残差拟合函数,图(d)为 10Hz 记录的残差拟合函数。图(e)～图(h)分别为图(a)～图(d)对应的真实模型的模拟单炮记录。

如图 5.3.1(a)所示 0.5Hz 记录拟合在模型误差达到 500m/s 内未见局部极小,迭代过程可绝对稳定收敛;图(b)1Hz 记录拟合曲线在猜测模型约为 1150m/s 时出现一个局部极大值点;图(c)5Hz 记录拟合曲线出现了多个极值点,但各极值点之间互相分离较远;图(d)10Hz 记录拟合曲线存在很多的局部极大值,且在猜测模型和真实模型相差很小时就出现了极大值,这给反演的稳定性和收敛性带来了困难。

5.3.2　多尺度时间域波形反演数值算例

1. Marmousi 模型

该模型表层由一组逆冲断层构成,结构复杂,常被用来作为深度偏移方法的测试模型,该模型最低速度 1500m/s,最高速度 5500m/s;原始模型网格间距 $\mathrm{d}x=12.5\mathrm{m}, \mathrm{d}z = 4\mathrm{m}$;网格数 $nx=737, nz=750$。试算对模型进行重新采样,横向网格间距和网格数不变,纵向重采样后 $\mathrm{d}z=12.5\mathrm{m}, nz=240$。重采样使用 SU 软件中的 unisam2 命令。模拟数据观测系统为炮距 50m,共计 184 炮,全排列接收。

为了突出对比表层速度建模效果,用 ximage 命令显示最低速度 1500m/s,最高速度 2200m/s。图 5.3.2 显示了反演结果,其中图(a)显示了真实 Marmousi 模型的表层结构,图(b)为走时层析反演的初始速度,为一个 500～1500m/s 线性变化模型,图(c)为应用本文的光滑约束走时层析反演迭代 10 次得到的结果。由图 5.3.2 可见,走时层析反演得到了一个类似真实模型表层平滑的结果,总体反映了模型速度变化趋势,但是不能刻画出模型细节。图(d)为利用时间域波形反演方法反演早震数据的结构,同时使用了多尺度反演方法,使用了主频 3Hz、6Hz、9Hz 三个分频尺度数据,每个数据各反演 10 次。由图 5.3.2 可见,波形反演精细刻画了真实速度模型的表层结构,具有很高的反演分辨率。

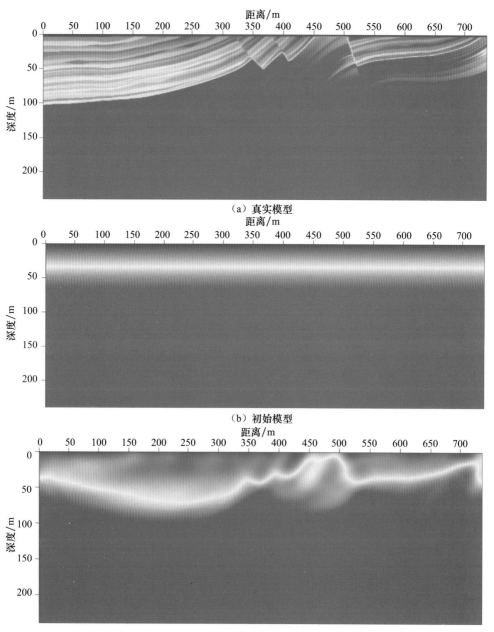

(a) 真实模型

(b) 初始模型

(c) 走时反演结果

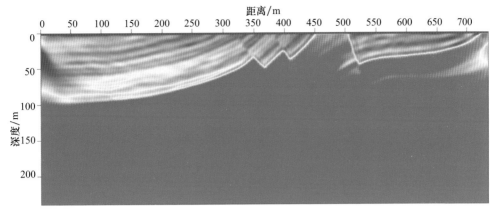

（d）波形反演结果

图 5.3.2　Marmousi 模型表层反演结果

2. 崎岖地表模型

Marmousi 模型虽然构造复杂,但是不含起伏地表,为了测试本书方法对起伏地表模型建模的效果,选用崎岖地表模型测试本书算法,该模型地表起伏剧烈,近地表速度变化复杂,通常被用来测试与表层相关的成像方法和基准面校正方法。模型最低速度 3600m/s,最高速度 6000m/s;原始模型网格间距 $dx=15$m,$dz=10$m;网格数 $nx=1668$,$nz=1000$。本书试算对模型进行重新采样,重采样后网格间距 $dx=30$m,$dz=30$m,网格数 $nx=833$,$nz=332$。模拟数据观测系统为炮距 120m,共计 200 炮,全排列接收。

地表最低点以上最低速度为 3600m/s,最高速度为 4400m/s,为了突出对比表层速度建模效果,用 ximage 命令显示最低速度 3500m/s,最高速度 4600m/s。图 5.3.3 显示了反演结果,其中图(a)显示了真实崎岖地表模型的表层结构;图(b)为走时层析反演的初始速度,这个速度模型地表随着地形起伏,其地表速度设定为 3600m/s,沿着深度方向,每30m 速度增加 12m/s;图(c)为应用本书的光滑约束走时层析反演迭代 20 次得到的结果。由图 5.3.3 可见,走时层析反演得到了一个类似真实模型表层平滑的结果,总体反映了模

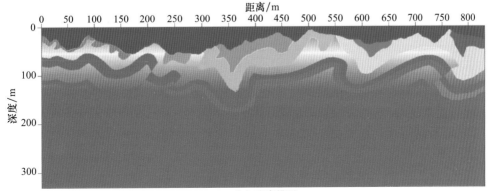

（a）真实模型

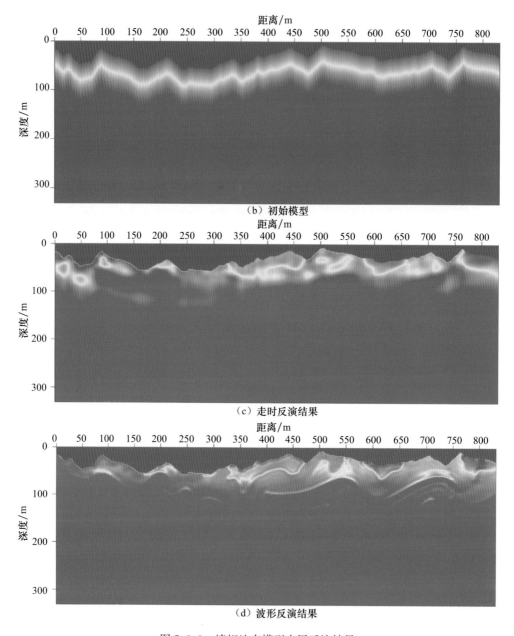

图 5.3.3　崎岖地表模型表层反演结果

型速度变化趋势,相比 Marmousi 模型走时层析反演结果,起伏地表模型刻画出了更多的模型细节,这是因为对于起伏地表模型地面地震数据走时更多利用了透射波信息,这对走时层析反演是有利的。但总体反演结果分辨率仍然不高,模型细节没有被很好地刻画。图(d)为利用时间域波形反演方法反演早震数据的结构,同时使用了多尺度反演方法,使用了主频 3 Hz、6 Hz、9 Hz、12 Hz 三个分频尺度数据,每个数据各反演 5 次。由图 5.3.3 可见,波形反演精细刻画了真实速度模型的表层结构,具有很高的反演分辨率。

5.4　频率依赖波动方程旅行时速度建模

5.4.1　波动方程旅行时速度建模方法原理

下面阐述波动方程旅行时速度建模方法的主要理论(Luo,Schuster,1991)。假设地震波的传播满足二维声波动方程:

$$\frac{1}{c^2(x)}\frac{\partial^2 p(x_r,t;x_s)}{\partial t^2} - \rho(x)\,\nabla\cdot\left[\frac{1}{\rho(x)}\,\nabla p(x_r,t;x_s)\right] = s(t;x) \tag{5.4.1}$$

其中 $p(x_r,t;x_s)$ 代表 $x_s(s=1,2,\cdots,N_s)$ 处的震源在 $t=0$ 时刻激发,在 t 时刻 $x_r(r=1,2,\cdots,N_r)$ 处的波场值,$\rho(x)$ 是密度,$c(x)$ 是波速,$s(t;x)$ 代表震源函数。

令 $p(x_r,t;x_s)_{obs}$ 代表接收到的观测波场值,$p(x_r,t;x_s)_{cal}$ 代表正演模拟得到的计算波场值,观测波场和计算波场互相关值的大小可以用来衡量两个波场或者说模拟的速度场与真实速度场之间的吻合程度。这个互相关函数可以表示为

$$f(x_r,\tau;x_s) = \int dt\,\frac{p(x_r,t+\tau;x_s)_{obs}}{A(x_r;x_s)_{obs}}p(x_r,t;x_s)_{cal} \tag{5.4.2}$$

其中,$A(x_r;x_s)_{obs}$ 是观测波场的最大值,τ 是计算与真实波场的时间差,参数 $A(x_r;x_s)_{obs}$ 是观测波场纪录归一化,减小了由于检波器或震源耦合不一致导致的压力差。

我们要找的就是一个 τ 使得计算地震记录与观测地震记录符合得最好,即为模拟波场的理论走时和观测波场实际走时之间的旅行时差 $\Delta\tau$,将其定义为使相关函数取最大值的那一点,即

$$f(x_r,\Delta\tau;x_s) = \max\{f(x_r,\tau;x_s)\mid\tau\in[-T,T]\} \tag{5.4.3}$$

我们可以注意到这里 T 是允许的计算与真实地震记录的最大时间差,$\Delta\tau=0$ 表示准确的速度模型已经得到了,它使得透射波在计算中是与实际情况同时到达检波器的。

$f(x_r,\tau;x_s)$ 对 τ 的导数在非端点情形下,在 $\Delta\tau$ 点应为零,即

$$f_{\Delta\tau} = \left[\frac{\partial f(x_r,\tau;x_s)}{\partial\tau}\right]_{\tau=\Delta\tau} = \int dt\,\frac{\dot{p}(x,t+\tau;x_s)_{obs}}{A(x_r;x_s)_{obs}}p(x_r,t;x_s)_{cal} = 0 \tag{5.4.4}$$

其中,$\dot{p}=\partial p(x,t;x_s)/\partial t$。波动方程旅行时残差函数定义为

$$S = \frac{1}{2}\sum_s\sum_r[\Delta\tau_{rs}]^2 \tag{5.4.5}$$

其中,$\Delta\tau_{rs}$ 的定义与(5.4.3)式是一致的,其中 $\frac{1}{2}$ 是为了后续运算的简洁。

以最速下降法为例来更新速度模型:

$$c_{k+1}(x) = c_k(x) + \alpha_k\cdot\gamma_k(x) \tag{5.4.6}$$

$\gamma_k(x)$即最速下降方向，α_k 是步长，问题的核心即是利用波动方程计算 $\gamma(x)$，k 表示第 k 次迭代过程。对 S 求取其关于速度场 $c(x)$ 的导数：

$$\gamma(x) = -\frac{\partial S}{\partial c(x)} = -\sum_s \sum_r \frac{\partial(\Delta\tau)}{\partial c(x)} \Delta\tau(x_r, x_s) \tag{5.4.7}$$

进一步运算得到

$$\frac{\partial(\Delta\tau)}{\partial c(x)} = \frac{\left[\dfrac{\partial(\dot{f}_{\Delta\tau})}{\partial(c(x))}\right]}{\left[\dfrac{\partial(\dot{f}_{\Delta\tau})}{\partial(\Delta\tau)}\right]} = \frac{1}{E}\int dt \dot{p}(x_r, t+\tau; x_s)_{\text{obs}} \frac{\partial p(x_r, t; x_s)_{\text{obs}}}{\partial(c(x))} \tag{5.4.8}$$

其中 $E = \int dt \dot{p}(x_r, t+\tau; x_s)_{\text{obs}} \dot{p}(x_r, t; x_s)_{\text{cal}}$。

利用 Green 函数，可以得到波场 $p(x_r, t; x_s)_{\text{cal}}$ 的 Frechét 导数：

$$\frac{\partial p(x_r, t; x_s)_{\text{cal}}}{\partial(c(x))} = \frac{2}{c^3(x)} g(x, t; x_r, 0) * \dot{p}(x, t; x_s) \tag{5.4.9}$$

其中，$g(x, t; x', t')$ 是关于方程(5.4.1)的 Green 函数。

利用公式(Tarantota，1987)

$$\int dt [f(t) * d(t)] h(t) = \int dt g(t) [f(-t) * h(t)] \tag{5.4.10}$$

$$g(x, -t; x', 0) = g(x, 0; x', t) \tag{5.4.11}$$

将(5.4.7)式重新表达为

$$\gamma(x) \frac{1}{c^3(x)} = \sum_s \int dt \dot{p}(x_r, t; x_s)_{\text{cal}} \dot{p}(x_r, t; x_s) \tag{5.4.12}$$

其中 $p'(x_r, t; x_s) = \sum_r g(x, -t; x_r, 0) * \delta\tau(x_r, t; x_s)$。

$p(x_r, t; x_s)$ 是由当前预估速度模型计算得到的压力场，而 $p'(x_r, t; x_s)$ 是把拟旅行时残差 $\delta\tau(x_r, t; x_s)$ 当作震源函数在时间域上反向传播计算得到的压力场。这里拟旅行时残差 $\delta\tau(x_r, t; x_s)$ 是 x 处的检波器所观测的地震记录用与该地震记录相关的剩余旅行时和 $\Delta\tau_{rs}$ 归一化因子 E 作加权形成的。换句话说，梯度项是用作了权的观测地震记录的逆时间偏移计算得到的。其中，剩余旅行时充当了标量加权因子的角色。这就是波动方程旅行时反演方法的梯度。实际数据处理过程中，除透射波的波形以外的其他所有波形在反向投影之前都被切除掉了。

5.4.2　频率依赖波动方程旅行时速度建模原理

(5.4.12)式中的 $\gamma(x)$ 可以写为

$$\gamma(x) = -\frac{2}{Ec^3(x)} \sum_s \sum_r K \Delta\tau_{rs} \tag{5.4.13}$$

其中，$K = \dot{p}(x_r, t; x_s)_{\text{cal}} (g(x, -t; x_r, 0) * \dot{p}'(x_r, t; x_s))$。

K 代表的是波路径,也就是迭代时速度更新的区域,图 5.4.1 显示了在一个常速度模型中,主频分别为 30Hz 和 60Hz 的两个波路径,震源和检波器分别位于左边和右边 40 个网格点深度。我们可以明显发现 60Hz 下的波路径明显窄于 30Hz 下的波路径,这表明了波路径与频率之间是紧密相关的。下面我们通过一个数值算例来说明一个频率依赖的波动方程旅行时反演方法。

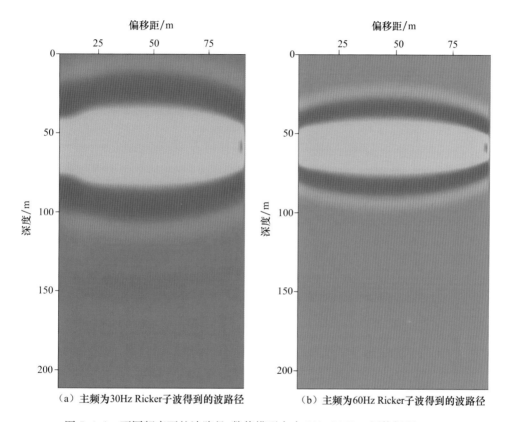

（a）主频为30Hz Ricker子波得到的波路径　　　（b）主频为60Hz Ricker子波得到的波路径

图 5.4.1　不同频率下的波路径,数值模型大小 142m×62m,网格间距 1.5m

5.4.3　频率依赖波动方程旅行时速度建模数值算例

我们采用的速度模型如图 5.4.2 所示,模型大小为 142m×62m,水平与垂直方向的网格间距均为 1.5m,地震数据是利用主频为 60Hz 的 Ricker 子波作为震源得到的。

图 5.4.3 是反演利用的初始模型,是一个 3000m/s 的常速度模型。

频率依赖的波动方程旅行时反演策略是先利用低频数据反演速度模型中的长波长部分,以此结果作为更高频率数据的初始模型,一步步提高频率,得到速度模型的细节信息。

图 5.4.4(a)(b)(c)分别是 15Hz,30Hz 和 60Hz 下所得结果,图(d)是直接利用 60Hz 主频数据反演得到的结果,可以看出频率依赖的波动方程旅行时反演结果优于单频率的波动方程旅行时反演。

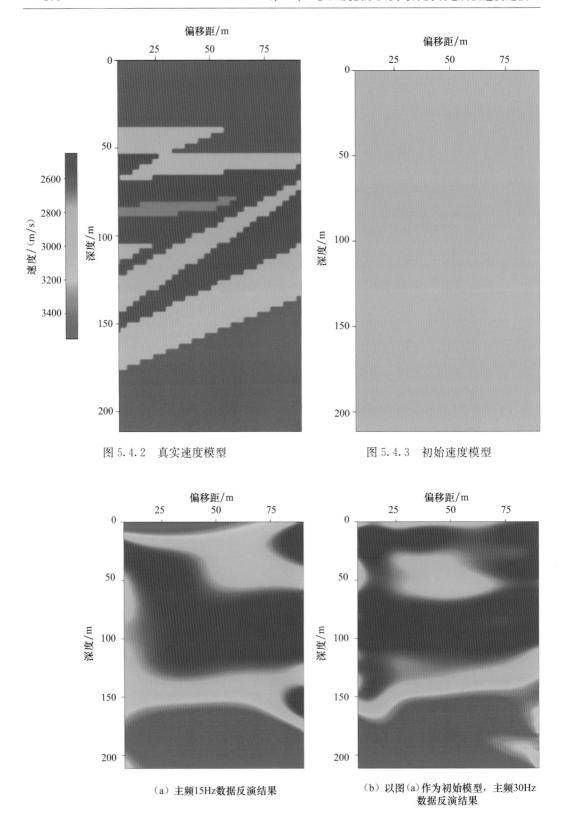

图 5.4.2　真实速度模型　　　　　　　图 5.4.3　初始速度模型

（a）主频15Hz数据反演结果　　　　　（b）以图（a）作为初始模型，主频30Hz
　　　　　　　　　　　　　　　　　　　　数据反演结果

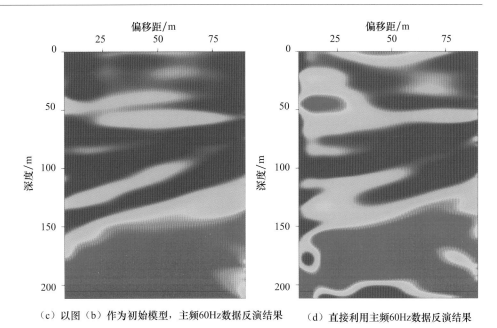

（c）以图（b）作为初始模型，主频60Hz数据反演结果　　（d）直接利用主频60Hz数据反演结果

图 5.4.4　多尺度波动方程旅行时反演结果

5.4.4　频率依赖波动方程旅行时速度建模发展前景

　　波动方程旅行时反演（wave-equation traveltime inversion）利用最小化基于波动方程的旅行时残差，即使对于复杂模型也可以稳定的收敛，不需要高频近似，也不需要走时拾取。唯一的劣势在于它并不能提供全波反演那样的模型细节。在实际地震数据处理中，由于低频数据的缺失，全波形反演往往会陷入局部极值而无法得到可靠的速度反演结果。波动方程旅行时反演则克服了这种困难，对噪声的不敏感使其在实际应用中有着极大利用价值。

　　频率依赖的波动方程旅行时反演大大提升了反演精度，减少了局部极值，这种多尺度反演的方法提供了更好的速度反演结果，而数据的分频率滤波在实际生产中是极易实现的，以反演结果作为进一步的全波形反演初始模型将会得到极佳的速度建模效果。

5.5　波动方程旅行时和波形联合快速反演速度建模

　　波动方程旅行时和波形联合（WTW）反演是基于波动方程的旅行时反演（WT 反演）和波形反演的联合反演方法。我们知道 WT 反演是融合传统基于射线理论的旅行时反演和波形反演而得到的一种反演方法。它利用波动方程计算旅行时和旅行时差关于速度的导数，与传统以射线为基础的旅行时反演相比，具有不必射线追踪、不必拾取初至、不必高频假设，以及初始模型和实际模型差别较大时也能较好收敛等优点，但 WT 反演与波形反演相比其结果分辨率低。与之相互补的是，波形反演的反演结果分辨率高，但是当所给初始模型和实际模型相差太大时，波形反演迭代算法容易陷入局部极小点。可见结合两种方法的 WTW 反演是一种比较好的联合反演方法（Zhou et al.，1995；卢回忆，2012）。

5.5.1　波动方程旅行时和波形联合速度建模方法原理

考虑二维声波方程

$$\frac{1}{c^2(x)}\frac{\partial^2 p(x_r,t;x_s)}{\partial t^2} - \rho(x)\,\nabla\cdot\left[\frac{1}{\rho(x)}\,\nabla p(x_r,t;x_s)\right] = s(t;x) \qquad (5.5.1)$$

其中 $p(x_r,t;x_s)$ 代表 $x_s(s=1,2,\cdots,N_s)$ 处的震源在 $t=0$ 时刻激发，在 t 时刻 $x_r(r=1,2,\cdots,N_r)$ 处的波场值，$\rho(x)$ 是密度，$c(x)$ 是波速，$s(t;x)$ 代表震源函数。

令 $p(x_r,t;x_s)_{\mathrm{obs}}$ 代表接收到的观测波场值，$p(x_r,t;x_s)_{\mathrm{cal}}$ 代表正演模拟得到的计算波场值，定义联合目标函数：

$$S = \frac{1}{2}\sum_s\sum_r[\delta\tau_{rs}]^3 + \frac{1}{2}\sum_s\sum_r\int \mathrm{d}t\,\delta p_{rs}(t)w\delta p_{rs}(t) = S_1 + S_2 \qquad (5.5.2)$$

这里

$$\delta\tau_{rs} = \tau_{\mathrm{obs}}(x_r,x_s) - \tau_{\mathrm{cal}}(x_r,x_s) \qquad (5.5.3)$$

为旅行时差，

$$\delta p_{rs}(t) = p(x_r,t;x_s)_{\mathrm{obs}} - p(x_r,t;x_s)_{\mathrm{cal}} \qquad (5.5.4)$$

为波形残差。

为了修正速度模型，我们选择了一种针对方程(5.5.1)的最速下降法，这种最速下降法给出了

$$c_{k+1}(x) = c_k(x) + \alpha_k\cdot\gamma_k(x) \qquad (5.5.5)$$

其中 $\gamma_k(x)$ 是不吻合函数 S 的最速下降方向，x 表示井之间的任一位置，α_k 是步长，k 表示第 k 次迭代。

把方程(5.5.2)中的第一项用 S_1 表示，第二项用 S_2 表示，然后 S 对速度求导得到 Frechét 导数：

$$\gamma(x) = -\frac{\partial S}{\partial c(x)} = -\frac{\partial S_1}{\partial c(x)} - \frac{\partial S_2}{\partial c(x)} = \gamma_1(x) + \gamma_2(x) \qquad (5.5.6)$$

由 Luo 和 Schuster(1991)以及 Zhou 等(1995)得到

$$\gamma_1(x) = \frac{1}{c^3(x)}\sum_s\int \mathrm{d}t\,\dot{p}(x_r,t;x_s)\dot{p}_1(x,t;x_s) \qquad (5.5.7)$$

$$\gamma_2(x) = \frac{1}{c^3(x)}\sum_s\int \mathrm{d}t\,\dot{p}(x,t\mid x_s)\dot{p}_2(x,t\mid x_s) \qquad (5.5.8)$$

(5.5.7)式与(5.4.12)式是一致的，而(5.5.8)式中

$$p_2(x,t\mid x_s) = \sum_r g(x,-t;x_r,0)\cdot 2\delta p_{rs}(x_r,x_s)/E \qquad (5.5.9)$$

其中，表示 $E = \int \mathrm{d}t\,\dot{p}(x_r,t;x_s)_{\mathrm{obs}}\dot{p}_2(x_r,t;x_s)_{\mathrm{cal}}$，$g(x,-t;x_r,0)$，是 Green 函数。事实上我们可以改进(5.5.6)式，添加一个权重系数 β，平衡旅行时和波形反演的成分比重。

$$\gamma(x) = \beta\gamma_1(x) + (1-\beta)\gamma_2(x) \qquad (5.5.10)$$

5.5.2　传统波动方程旅行时和波形联合速度建模方法实现

由 WTW 的基础理论我们知道，WTW 反演实现了波形反演和 WT 反演的联合反

演,其结合点体现在(5.5.10)式上,即两种方法所得 Frechét 导数按一定比例组成联合方向导数,参与速度值的修正。

根据(5.5.10)式中的 β 的取值,其实具体 WTW 可以有两种实现方法。第一种方法是首先以 WT 反演为主($\beta<1$,接近 1)得到一个具有整体特征的地质模型,然后以该地质模型作为初始模型再以波形反演为主($\beta>0$,但接近 0)进行反演,进一步反演出地质模型的详细特征。为了叙述方便,我们把这种实现方法称为 WTW1 算法。很明显这种实现方法每一次迭代都包括 WT 反演和波形反演的主要计算过程(一次波场正演、二次残差逆时延拓、二次计算 Frechét 导数),所以存储空间接近 WT 或者波形反演的两倍且计算速度比二者慢一倍。

第二种实现方法考虑到 WTW1 的计算速度慢和存储空间大,所以首先单独使用 WT 反演($\beta=1$)得到一个具有整体特征的地质模型。再利用所得地质模型作为初始模型单独使用波形反演进行反演($\beta=0$),刻画模型细节。这种方法记为 WTW2 算法。该方法的优点是使得 WTW 反演每一次迭代的计算速度与占用存储空间与 WT 反演或者波形反演相同;其缺点是将两种方法简单地结合起来,不能使得两种方法的优缺点得到充分互补,即较 WTW1 算法,反演收敛性较差。

本节给出一个简单模型的数值计算的例子,将证明以下结论:WTW1 算法的收敛性要优于 WTW2 算法。

图 5.5.1 是一个高速背景下存在两个低速绕动体的简单井间地震模型,网格大小为

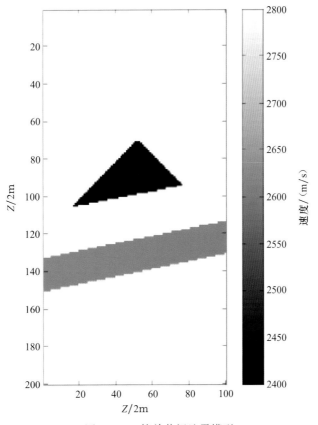

图 5.5.1　简单井间地震模型

2m×2m。采用 10 个激发点位于左侧,99 个接收点位于右侧。采用均匀速度模型
(2800m/s)作为初始速度模型按下述两种方式进行运算。

(a) WTW1:10 次迭代(以 WT 为主,$\beta=0.7$),迭代结果作为初始模型再进行 10 次迭代(以波形反演为主,$\beta=0.3$)。

(b) WTW2:10 次迭代(单独使用 WT,$\beta=1$),迭代结果作为初始模型再进行 10 次迭代(单使用波形反演,$\beta=0$)。

图 5.5.2 给出了对模型图 5.5.1 经过图(a),图(b)运算的残差随迭代次数变化曲线。由此可知 WT 虽然在 WTW1 中只占 70%的比重,但 WTW1 收敛速度远比单独使用 WT快(图 5.5.2(a))。WTW1 也比单独使用波形反演具有更稳健的收敛性(图 5.5.2(b))。图 5.5.3 给出了对应图(a)和图(b)运算 14 次迭代的反演结果。不难看出,图 5.5.3(b)比图 5.5.3(a)更接近真实模型。所以,只有充分将两种反演方法在每一次迭代中充分结合才能发挥它们的长处,克制它们的缺点,这一点正好说明了本节开始提到的结论。

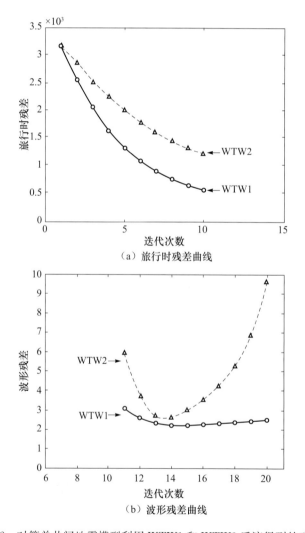

（a）旅行时残差曲线

（b）波形残差曲线

图 5.5.2   对简单井间地震模型利用 WTW1 和 WTW2 反演得到的残差曲线

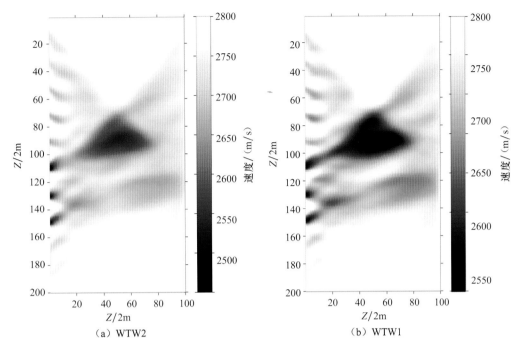

图 5.5.3　对简单井间地震模型的 WTW1 和 WTW2 反演结果

5.5.3　改进的波动方程旅行时和波形联合速度建模方法

　　由 5.5.2 节我们知道,WTW1 算法的优点是具有较好的收敛性,缺点是运算速度慢、数据存储空间大。而 WTW2 算法的优点是运算速度和数据存储空间基本等同于波形反演或者是 WT 反演,但该算法只是将两种方法简单地结合起来,不能使得两种方法的优缺点得到充分互补,影响了其收敛性。原因有两方面:一方面是基于反射波的波形反演是一个由上到下"逐面"对模型修正的过程,且模型上部的反演结果会影响下部的反演结果。"逐面"反演是一个缓慢的计算过程,所以需要近似全局的 WT 反演方法及时对其修正。另一方面是 WT 反演结果分辨率较低,在每一次迭代中也需要波形反演进一步对其反演结果改进。所以只有在同一次迭代算法中同时考虑使用两种方法,才能更好地使这两种方法的优缺点得到互补。这样带来新的问题是运算速度慢且存储空间比 WTW1 算法增加一倍。寻找一种 WTW 算法即得到较好的收敛结果,而不增加计算量和数据存储量是本节要解决的问题。

　　首先分析 WTW1 算法流程(图 5.5.4)。图 5.5.4 的左边部分包括了 WT 的主要计算流程:波场正演、计算准旅行时残差、残差逆时延拓、计算方向导数、修正模型。图 5.5.4 的右边部分包括了波形反演的主要计算流程:波场正演、计算波形残差、残差逆时延拓、计算方向导数和修正模型。对这两种方法主要的计算集中于三个部分:波场正演、残差逆时延拓和 Frechét 导数。WTW1 算法流程中,每一次迭代波场正演只需一次,而残差逆时延拓和计算 Frechét 导数各需两次。两种方法在图 5.5.4 的虚线标注的位置通过(5.5.10)式得到结合。

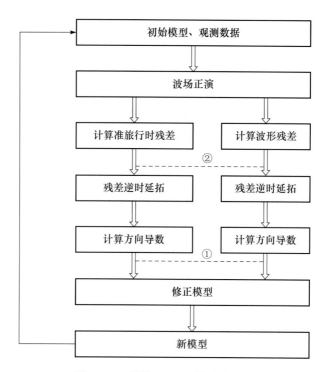

图 5.5.4   传统 WTW1 算法流程图

实际上我们定义一个联合残差

$$\delta\phi_{rs} = \beta\delta\tau_{rs} + (1-\beta)\delta p_{rs}(t) \tag{5.5.11}$$

令 $p^\phi(x,t;x_s)$ 为由 $\delta\phi_{rs}$ 逆时延拓得到的波场。

由(5.5.11)式,显然

$$p^\phi(x,t;x_s) = \beta p_1(x,t;x_s) + (1-\beta)p_2(x,t \mid x_s) \tag{5.5.12}$$

那么

$$\gamma(x) = \frac{1}{c^3(x)} \sum_s \int \mathrm{d}t \dot{p}(x_r,t;x_s)\dot{p}^\phi(x,t;x_s) \tag{5.5.13}$$

其本质与传统的 WTW(5.5.10)是一致的。

这样就可以将两者的结合提前到图 5.5.4②所示的位置,据此丁继才等(2007)提出了一种快速实现 WTW 的策略,具体实现步骤是:

(1) 由(5.5.11)式正演得到理论地震记录 $p(x_r,t;x_s)_{\mathrm{cal}}$ 和理论波场 $p(x,t;x_s)$;

(2) 根据(5.5.11)式计算联合残差 $\delta\phi_{rs}$;

(3) 把接收点位置作为震源位置,综合残差作为震源项,逆时延拓得到逆时延拓波场 $p^\phi(x,t;x_s)$;

(4) 由(5.5.13)式计算目标函数最速下降方向;

（5）线性搜索计算迭代步长；

（6）由(5.5.5)式求出新的速度模型，作为下一次迭代的初始模型；重复进行以上（1）步到（6）步，直到达到一定迭代次数或者残差小于某一给定值。

5.5.4　改进的波动方程旅行时和波形联合速度建模方法数值算例

本书给出一个模型的数值计算的例子，证明结论：快速 WTW 算法不仅计算速度和存储空间基本等同于 WTW2 算法，其收敛性优于 WTW1 算法。

图 5.5.5 是一个复杂井间地震模型，网格大小为 $0.75\text{m}\times0.75\text{m}$。采用 24 个激发点位于左侧，116 个接收点位于右侧。初始模型取 2600m/s。为了说明上述结论，采用以下比较方式进行模型计算。

（1）WTW1：40 次迭代（以 WT 为主，$\beta=0.7$），迭代结果作为初始模型再进行 10 次迭代（以波形反演为主，$\beta=0.3$）。

（2）New WTW：40 次迭代（以 WT 为主，$\beta=0.7$），迭代结果作为初始模型再进行 10 次迭代（以波形反演为主，$\beta=0.3$）。

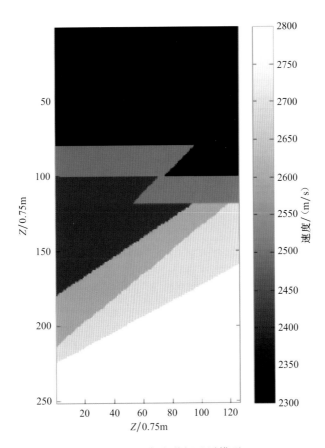

图 5.5.5　复杂井间地震模型

　　图 5.5.6 给出了对模型图 5.5.5 经过旅行时反演和波形反演的残差随迭代次数变化曲线。图(a)为旅行时反演,图(b)为波形反演(图 5.5.6)。WTW1 在迭代次数较低的时比 New WTW 收敛性具有优势,但随着迭代次数的增加 New WTW 具有更好的收敛性(图 5.5.6(a),(b))。当两种算法由 WT 为主转换到以波形反演为主后,新算法收敛速度加快,而 WTW1 却逐步发散,这是因为 WTW1 经过 WT 为主运算后得到的结果仍然和真实模型具有较大的差异。图 5.5.6 给出了对应图(a),图(b)运算 41 次迭代的反演结果,图(b)得到的结果(图 5.5.7(b))较图(a)得到的结果(图 5.5.7(a))更接近真实模型。当然图(b)经过 50 次迭代的反演结果比 41 次迭代更好,这一点由残差曲线可以看出。综上所述,快速 WTW 方法较常规 WTW 方法不仅速度和存储空间上具有优势,其收敛更具稳健性。

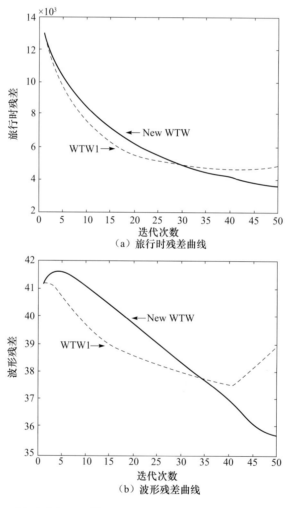

图 5.5.6　对复杂井间地震模型利用 New WTW 和 WTW1 得到的残差曲线

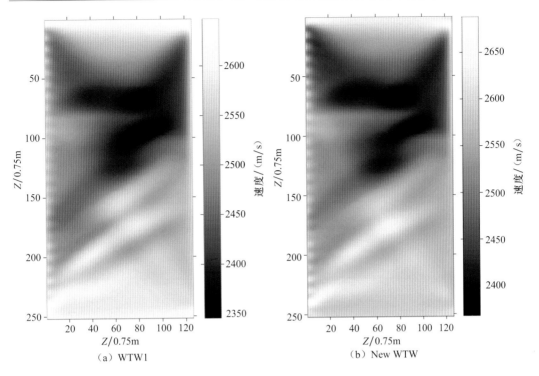

图 5.5.7 对复杂井间地震模型的 New WTW 和 WTW1 反演结果

第 6 章　一次反射波与多次反射波的同步偏移成像

从物理意义上分析,多次波是一种规则的干扰波,它来自于地下界面,与一次波同样携带了地下界面的有用信息,因此多次波是一种有用的地震波。不难证明,当多次波被正确利用时,我们可以获取更多反射界面的信息,从而获得更精细的地下成像效果。本章主要介绍地震偏移成像中多次波的利用。

6.1　多次波在地震成像中的作用

近年来,许多高效的成像方法相继被提出,在这些方法中,逆时偏移(RTM)被视为是复杂地下构造成像的有效工具(Brien,Gray,1996;Rosenberg,2000;Glogovsky et al.,2002;Huang et al.,2009)。常规的 RTM 在偏移过程中仅利用了一次波信息,然而,地震数据中除一次反射波之外还包含了多次波的信息,同时利用一次波和多次波的信息可以提高成像质量。

地震数据中的多次波可分为与表面相关的多次波和层间多次波在偏移中利用地表多次波已经被许多研究者探讨过(以下我们把"与表面相关的多次波"简称为"表面多次波")。Verschuur 和 Berkhout(2005)提出将表面多次波转换为一次波再将其利用到常规偏移方法中。该方法的核心问题是从地震数据中恢复一次波成分。地震干涉法(Schuster,2009;Wapenaar,2006a;Wapenaar,2006b;Curry,Shan,2006;Wang et al.,2009)理论上保证了高阶的表面多次波能够被转换为一次波,通过互相关和求和计算,恢复的数据能够用于常规的 RTM 偏移成像(Yu,Schuster 2002;Schuster et al.,2004;Jiang et al.,2007;He et al.,2007)。此外,在偏移过程中将自由表面多次波直接视为面积震源项(Guitton,2002;Shan 2003;Muijs et al.,2007),从而达到利用多次波偏移的目的。相似的方法有 Artman(2006)提出的将地震记录中的无源成分直接用于地下成像。Liu 等(2011)提出了在 RTM 中利用表面多次波,该方法将常规 RTM 中的震源子波被包含了表面多次波和一次波信息的地震数据代替,而一次波地震数据用预测出的表面多次波代替。体现了在偏移中利用多次波的有效性。

6.2　基于波动理论偏移算法的多次波与一次波联合成像

早些利用多次波的方法,都需要对地震数据进行必要的处理,或是使多次波降阶、或是首先预测多次波,这些数据处理运算极为耗时且容易产生误差。本书提出基于波动理论偏移算法的多次波与一次波联合成像方法,该方法不需要对地震数据进行互相关或求和运算,也不需要进行多次波预测。

假设我们已经有包含一次波和地表多次波地震数据(直达波已经被切除),我们的方法将常规 RTM 中的正向传播震源项替换为地震数据加上合成子波,将反向传播的一次波替换为完整的地震数据,算法中的互相关成像条件与常规 RTM 是一致的。数值实验表明提出的方法能够有效地对散射点和浅层反射点成像。这一方法不需要做多次波预测,这有可能使其在复杂地下构造成像中得到广泛利用。

6.2.1 双程波算法的多次波与一次波联合成像原理

1. 常规利用一次波的 RTM

假设一个震源在地表被激发,记录的地震数据能够在频率域(Liu et al., 2011)被近似地表达为

$$D(z_0) = -\widetilde{X}S(z_0) \tag{6.2.1}$$

这里 z_0 表示震源和检波器的深度,$\widetilde{X}$ 表示真实的地下响应,$S(z_0)$ 表示真实的震源项,$D(z_0)$ 表示记录的包含有一次波和地表多次波的地震数据,它能够被表示为

$$D(z_0) = P(z_0) + M(z_0) + \cdots \tag{6.2.2}$$

这里 $P(z_0)$ 表示一次波,$M(z_0)$ 表示地表多次波。如果 $S(z_0)$ 能够被 $W(z_0)$ 很好地近似,同时假设我们已经获得了一个偏移速度模型 X,那么就能利用有限差分或者其他建模方法获得正向传播的合成数据 $P_F(z_0)$,如(6.2.3)式所示

$$P_F(z_0) = -XW(z_0) \tag{6.2.3}$$

这个正向传播的合成数据 $P_F(z_0)$ 能够被用来和记录中一次波 $P(z_0)$ 一起成像。这即是传统的利用一次波的 RTM。对于震源的估计和地表多次的去除是传统 RTM 中的关键问题。

2. 利用多次波的 RTM

记录的地震数据 $D(z_0)$ 能够被用来当作重建的面积震源,如果我们有偏移的速度模型 X,那么得到的正向传播数据 $M_F(z_0)$ 能够被表示为

$$M_F(z_0) = -XD(z_0) \tag{6.2.4}$$

这里的正向合成数据 $M_F(z_0)$ 能够和记录数据中的 $M(z_0)$ 一起成像,这就是利用多次波的 RTM 的基本思路。这种方法需要提前做地表多次波预测,而这是耗时量大且难度高的。

3. 同时利用一次波和地表多次波的 RTM

事实上,(6.2.3)式中的震源项 $W(z_0)$ 和(6.2.4)式中的面积震源 $D(z_0)$ 能够被结合起来组合成一个新的震源函数,这样得到的合成正向传播数据能够被表示为

$$P_F(z_0) + M_F(z_0) = -XW(z_0) - XD(z_0) \tag{6.2.5}$$

利用(6.2.5)式,一次波和地表多次波能够同时做偏移,并且不需要做多次波预测。图 6.2.1 阐述了这种方法的基本思路。图 6.2.1(a)表示的是由 S 激发的震源子波正向传播和由 R_1 处记录的一次波反向外推场在 X_1 处互相关。图 6.2.1(b)表示的是 R_1 处记录的一次波正向外推和由 R_2 处记录的一阶地表多次波反向外推场在 X_2 处互相关。图 6.2.1(c)表示的

是 R_2 记录的一阶地表多次波正向传播到 X_3 和由 R_3 处反向外推的二阶地表多次波互相关。利用这些规则,一次波和多次波能够被同时用来偏移而不需要多次波预测。我们的方法中有三个关键点:①记录的地震数据(包含着一次波和地表多次波,不包含直达波)和一个合成子波,被视为一个面积震源用来正向传播;②完整的地震数据用来反向传播得到检波器波场;③在选定的时间步上对震源波场和检波器波场应用成像条件。

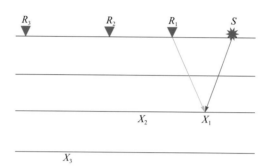

（a）R_1 处记录的一次波和与S处激发的正向传播的震源子波互相关成像于X_1

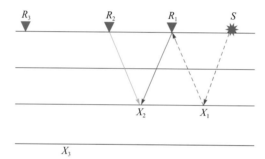

（b）R_2 处记录的一阶多次波与R_1处正向传播记录的一次波互相关成像于X_2

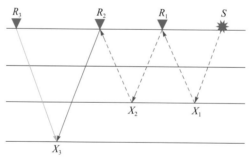

（c）R_3 处记录的二阶多次波与R_2处正向传播记录的一阶多次波成像于X_3

图 6.2.1　同时利用一次波和多次波 RTM 方法原理

常规 RTM 中广泛使用的互相关成像条件也能在我们的方法中加以利用。这种成像条件可以表示为

$$\text{Image}(x,y,z)$$
$$= \sum_{t=0}^{t_{\max}} \{W(x,y,z,t) + D_F(x,y,z,t)\} * D_B(x,y,z,t)$$

$$= \sum_{t=0}^{t_{\max}} \{W(x,y,z,t) + P_F(x,y,z,t) + M_F(x,y,z,t)\} * \{P_B(x,y,z,t) + M_B(x,y,z,t)\}$$

$$(6.2.6)$$

其中,x,y,z 表示笛卡儿坐标,$\mathrm{Image}(x,y,z)$ 表示偏移结果,下标 F 表示正向传播波场,B 表示反向传播波场。$P_F(x,y,z,t)$ 和 $M_F(x,y,z,t)$ 分别表示一次波和地表多次波,$t_{\max}$ 表示记录长度。地震记录 $D_F(x,y,z,t)$ 和一个震源子波 $W(x,y,z,t)$ 在时域上正向传播。记录的地震数据 $D_B(x,y,z,t)$ 在时域上反向传播。表面多次波能够被分解为不同成分:

$$M(x,y,z) = M^1(x,y,z,t) + M^2(x,y,z,t) + M^3(x,y,z,t)$$
$$+ M^4(x,y,z,t) + \cdots$$

$$(6.2.7)$$

其中,$M(x,y,z)$ 代表地表多次波,上标表明了不同阶的多次波。利用(6.2.7)式,(6.2.6)式可以表示为

$$\mathrm{Image}(x,y,z)$$
$$= \sum_{t=0}^{t_{\max}} \left[W(x,y,z,t) + P_F(x,y,z,t) + M_F^1(x,y,z,t) + M_F^2(x,y,z,t) + \cdots \right]$$
$$\times \left[P_B(x,y,z,t) + M_B^1(x,y,z,t) + M_B^2(x,y,z,t) + \cdots \right]$$

$$(6.2.8)$$

进一步展开得到

$$\mathrm{Image}(x,y,z)$$
$$= \sum_{t=0}^{t_{\max}} \left[(W(x,y,z,t) \times (P_B(x,y,z,t) + M_B^1(x,y,z,t) + M_B^2(x,y,z,t) + \cdots)) \right.$$
$$+ (P_F(x,y,z,t) \times (P_B(x,y,z,t) + M_B^1(x,y,z,t) + M_B^2(x,y,z,t) + \cdots))$$
$$+ (M_F^1(x,y,z,t) \times (P_B(x,y,z,t) + M_B^1(x,y,z,t) + M_B^2(x,y,z,t) + \cdots))$$
$$\left. + (M_F^2(x,y,z,t) \times (P_B(x,y,z,t) + M_B^1(x,y,z,t) + M_B^2(x,y,z,t) + \cdots)) + \cdots \right]$$

$$(6.2.9)$$

为了清楚地表明方程(6.2.9)右侧表达式的不同成分,将其写为

$$\mathrm{Image}(x,y,z)$$
$$= \sum_{t=0}^{t_{\max}} \left[W(x,y,z,t) \times P_B(x,y,z,t) + P_F(x,y,z,t) \times M_B^1(x,y,z,t) \right.$$
$$\left. + M_F^1(x,y,z,t) \times M_B^2(x,y,z,t) + M_F^2(x,y,z,t) \times M_B^3(x,y,z,t) + \cdots \right]$$
$$+ \sum_{t=0}^{t_{\max}} \left[W(x,y,z,t) \times M_B^1(x,y,z,t) + \cdots + P_F(x,y,z,t) \times M_B^2(x,y,z,t) + \cdots \right.$$
$$\left. + M_F^1(x,y,z,t) \times M_B^3(x,y,z,t) + \cdots + M_F^2(x,y,z,t) \times M_B^4(x,y,z,t) + \cdots \right]$$
$$+ \sum_{t=0}^{t_{\max}} \left[P_F(x,y,z,t) \times P_B(x,y,z,t) + M_F^1(x,y,z,t) \times P_B(x,y,z,t) \right.$$
$$+ M_F^1(x,y,z,t) \times M_B^1(x,y,z,t) + M_F^2(x,y,z,t) \times P_B(x,y,z,t)$$
$$\left. + M_F^2(x,y,z,t) \times M_B^1(x,y,z,t) + M_F^2(x,y,z,t) \times M_B^2(x,y,z,t) + \cdots \right] \quad (6.2.10)$$

(6.2.10)式中,第一部分是准确的成像结果,第二部分和第三部分产生了人为偏移误差。第一部分中有三种成像类型:①利用正向的震源子波和反向的一次波成像;②利用正向的一次波和反向的一阶地表多次波成像;③利用正向传播的 n 阶表面多次波和反向的 $(n+1)$ 阶多次波成像。第二部分包含了三种成像误差:①震源子波和表面多次波互相关产生的干扰;②一次波和 m 阶多次波互相关产生的干扰($m \geqslant 2$);③由 n 阶和 m 阶多次波互相关产生的多次波($m \geqslant n+2$)。第三部分表示的是当一次波和 n 阶多次波正向传播与反向传播的 $m(m \leqslant n)$ 阶多次波互相关产生的误差。

6.2.2　双程波算法的多次波与一次波联合成像数值计算

1. 含散射点的三层模型

首先在如图 6.2.2 所示的含有多个散射点的三层速度模型上测试。这个三层模型在水平方向上有 900 个网格点,在垂直方向上有 401 个网格点,网格间距都是 10m。炮点间距为 40m,每一炮有 240 道记录。散布式的分布用来数值模拟。检波器间距为 20m,同时震源和检波器深度都是 10m。时间记录的长度是 5s,采样间距为 2ms。震源位置在图 6.2.2 中用红点标示出来了,第一个和最后一个震源位置分别是 2400m 和 6360m。

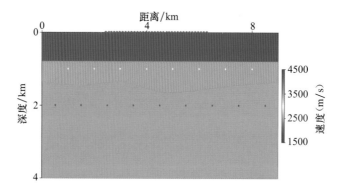

图 6.2.2　含有多个散射点的三层速度模型,表面的红点代表震源

图 6.2.3 是常规的只利用了一次波的 RTM 结果。一个合成的 Ricker 子波用来当作

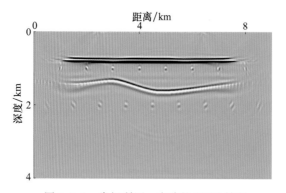

图 6.2.3　常规利用一次波的 RTM 结果

震源,记录的一次波作为检波器数据反向传播。图 6.2.4 是只利用了多次波的 RTM 结果,将包含了一次波和地表多次波的记录数据当作震源数据,将多次波当作检波器数据。图 6.2.5 是利用我们的方法得到的结果。这个成像结果是把记录数据加上一个震源子波当作震源波场,记录数据作为检波器波场。比较图 6.2.3、图 6.2.4 和图 6.2.5 在矩形框所示区域,图 6.2.4 和图 6.2.5 有更好的成像结果,但是它们都包含有一定的假成像点。

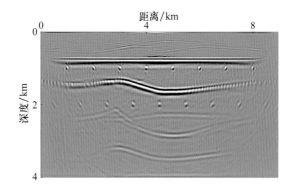

图 6.2.4　利用多次波的 RTM 结果

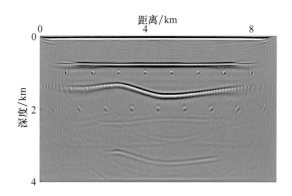

图 6.2.5　同时利用一次波和多次波的 RTM 结果

2. Sigsbee 2B 模型

Sigsbee 2B 模型包含有盐丘体和断层,如图 6.2.6 所示。水底的强反射界面和盐丘边界将会产生地表和内部的多次波。这个模型有水平方向的 3201 个网格点和垂直方向的 1201 个网格点,网格间距都是 7.62m。炮点间距是 7.62m,每一炮对应有 348 道记录,检波器间距为 7.62m,炮点和检波点深度均为 7.62m。记录的时间长度为 12s,采样间隔为 8ms。

图 6.2.7 所示偏移速度用来做我们的 RTM 测试。用原始的 Sigsbee 2B 数据做测试,常规的利用一次波的 RTM 结果如图 6.2.8 所示。很明显,浅层的散射点和下部的盐丘缺乏足够的照明度。如果采集数据的电缆长度有限,即使利用准确的速度模型下部盐丘依然不能被清晰成像。图 6.2.9 是利用多次波的 RTM(Liu et al.,2011)成像结果。

表面多次波能够通过 Sigsbee 2B FS(含有表面多次波)和 NFS(不含表面多次波)的数据计算得到。但对于实际数据,表面多次波通常通过表面多次波压制(SRME)(Verschuur et al.,1992)和 Radon 变换预测得到。相比于图 6.2.8,图 6.2.9 中的散射点由于更高次的覆盖和更好的照明度成像结果更好。图 6.2.10 是我们的方法得到的结果。不需要多次波预测而且全部的地震记录(包括一次波,表面多次波并且直达波被切除)都用于偏移过程。相比图 6.2.8,图 6.2.9 中的散射点更好地成像,盐丘体和浅层的反射点成像效果也更好。

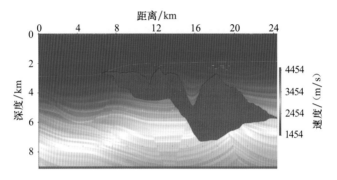

图 6.2.6　Sigsbee 2B 地层速度模型

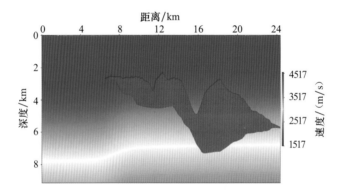

图 6.2.7　Sigsbee 2B 偏移速度模型

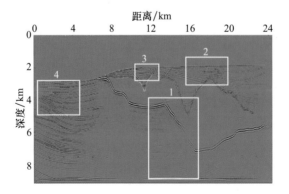

图 6.2.8　常规 RTM 反演结果

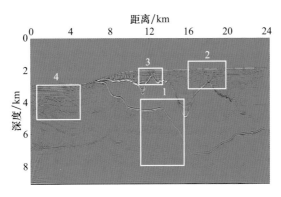

图 6.2.9 利用多次波的 RTM 结果

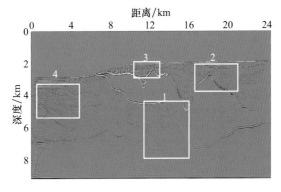

图 6.2.10 同时利用一次波和多次波的 RTM 结果

为了更好地分析这个方法的优缺点,我们放大了图 6.2.8、图 6.2.9 和图 6.2.10 的矩形框部分。图 6.2.11、图 6.2.12、图 6.2.13 和图 6.2.14 分别是矩形框 1,2,3,4 的局

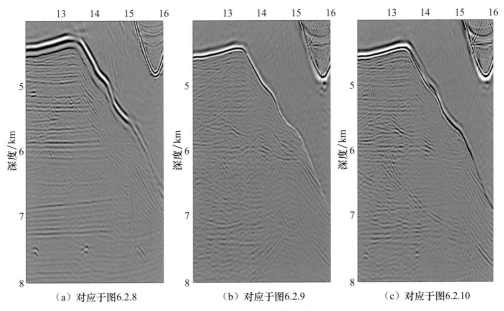

(a) 对应于图 6.2.8   (b) 对应于图 6.2.9   (c) 对应于图 6.2.10

图 6.2.11 矩形框 1 的放大对比

部放大图。正如图 6.2.11 所示,图 6.2.11(b)和图 6.2.11(c)中盐丘下的断层和分界面的描绘不如图 6.2.11(a),但是图 6.2.11(c)反射点的成像更好。图 6.2.12 中,图 6.2.12(b)和图 6.2.12(c)相比于图 6.2.11(a)散射点的照明度更好。图 6.2.13 中,图 6.2.13(c)的散射点成像更好。图 6.2.14 中,图 6.2.14(c)与 6.2.14(a)成像效果相当,相比于图 6.2.14(b),都有更好的成像质量。

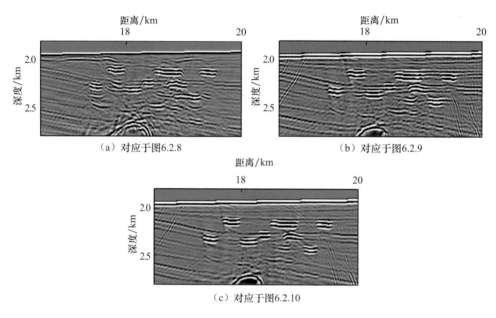

（a）对应于图6.2.8　　　　　　　　　　　（b）对应于图6.2.9

（c）对应于图6.2.10

图 6.2.12　矩形框 2 的放大对比

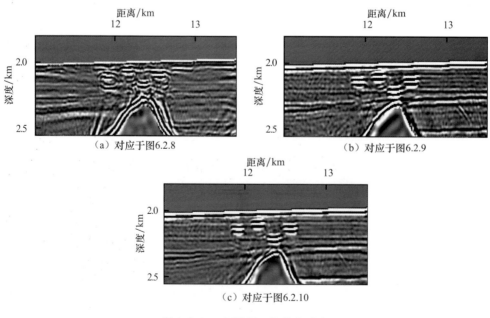

（a）对应于图6.2.8　　　　　　　　　　　（b）对应于图6.2.9

（c）对应于图6.2.10

图 6.2.13　矩形框 3 的放大对比

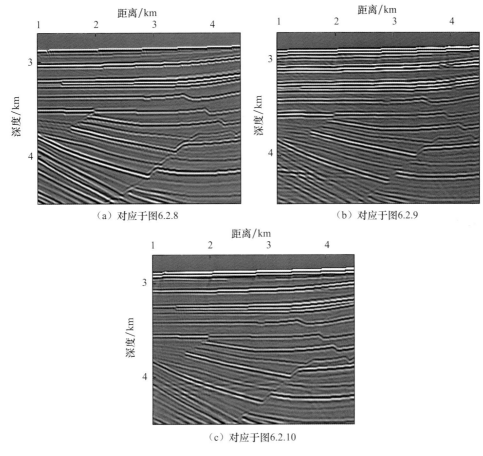

（a）对应于图6.2.8　　　　　　　　　（b）对应于图6.2.9

（c）对应于图6.2.10

图 6.2.14　矩形框 4 的放大对比

3. 成像效果分析

三层模型和 Sigsbee 2B 模型结果都表明提出的方法能对散射点和浅层反射点提供较好照明度的成像结果。尽管大部分表面多次波都正确成像了，结果中依然有由于不需要的地震事件互相关产生的偏移假像。这种方法能够被视为是一种常规 RTM 和利用多次波的 RTM 的一种结合，所以其偏移结果对于浅层反射点（近似于传统 RTM）和散射点（近似于利用多次波的 RTM）都有很好的成像结果。除了这些优点，方法中产生的人工假像也是两种方法中共有的。第一部分是利用多次波的 RTM 产生的假像点，第二部分是震源子波和自由表面相关多次波互相关产生的。第二部分可以利用成像域的降噪算法（Sava，Biondi，2005；Alvarez et al.，2007；Artman et al.，2007）减少，但是第一部分的减少需要进一步的探讨。一种补救策略是增大接收角度，例如，利用大倾角接收方法，可以一部分的减少其互相干扰。

另一点需要指出的是震源子波的估计。对于实际数据，震源项的估计总是一个难题，对此，我们提出的方法可以采用如下的流程：①正向传播估计震源子波获得偏移结果 $\mathrm{Mig}(w, p+m)$，反向传播记录的实际数据，这个偏移结果会因为震源子波估计的精度而受到影响；②正向和反向传播获得的实际数据，得到偏移结果 $\text{Mig}(p+m, p+m)$，这个结果是不会因为震源子波而受到影响的；③对 $\text{Mig}(w, p+m)$ 和 $\text{Mig}(p+w, p+m)$ 做非固定的匹配。

　　数值试验证实了在 RTM 过程中可以同时利用一次波和地表多次波偏移，且不需要多次波预测。我们提出的方法有 3 个主要优点：①相比于常规 RTM，它对于地下有更大的成像范围且能提高散射点的照明度；②相比于利用多次波的 RTM(Liu et al.，2011)，它能得到相当的散射点成像结果并且不需要多次波预测，而这种预测是耗时量大且容易产生误差的；③浅层反射点的成像效果与常规 RTM 相当，并且比利用多次波的 RTM 要好。这种方法的缺陷在于在成像过程中仍有一定的互相关噪声，与利用多次波的 RTM 成像假像的模式类似。鉴于以上提到的优点，这种方法可以看成一个有效的成像途径，在地下复杂构造成像中有着重要意义。

第7章 深水动力环境变化下的叠前深度域地震成像

海洋的动力环境变化和海水物理性质的差异使水层具有非均匀性特征,导致声波速度结构发生变化。我们针对海水非均匀性引起的地震波畸变开展了研究,根据南海深水区的实际问题,建立了由温度和盐度差异引起的速度分层模型,以及由中尺度涡旋引起的速度扰动模型,开展了叠前深度偏移数值计算、单炮记录频谱分析等研究,明确了深水水体物理参数变化对地震响应的影响。数值模拟证明:水层非均匀性能引起地震响应的畸变、水层速度结构的变化影响地震偏移成像的精度。这一结论可为深水地震勘探中地震属性分析和提高地震成像精度的研究提供理论依据。本章主要介绍深水动力环境变化下的地震成像问题。

7.1 影响深水地震波传播的海洋动力环境因素

海上油气地震勘探对地震响应和地震成像的研究一般忽略海水层的非均匀性,针对具体的海上调查区域,根据地震数据的初至波走时,选定一个常数作为该区域海水中的地震波传播速度,这样的假设在浅海陆架地区油气地震勘探中试用了多年。浅海陆架海域水深一般为 0~50m,由于水层厚度远远小于下覆地层的厚度,水层的非均匀性可以忽略。但是,当海洋石油走向深海大洋,水层深度超过 1000m 甚至到 3000m 时,当庞大的水体是地震波传播的介质空间中不可忽略的一部分时,水层非均匀性的影响同样不可忽略。海洋大尺度范围的动力环境,包括海洋环流、海洋波动、海洋潮汐、上升流等海洋波动现象,这些全球尺度的现象对地震勘探的影响不大,因为人工反射地震数据的获取毕竟是在有限的范围内进行,或者说针对大尺度海洋现象来说,我们的地震观测是处在一个平均背景之下。但是,叠加在海洋平均流场上的中尺度波动现象将会影响地震波的传播。海洋中尺度现象是指几千米到几十千米或几百千米的变化,包括涡旋、锋面及内波。涡旋又可分为环流式中尺度涡旋、中大洋中尺度涡旋,这类涡旋向下延伸可达 2~5km,持续时间可达几个月或 1~2 年。图 7.1.1 表示了地中海海域一个实际观测到的涡旋的剖面,可以看出,涡旋的存在使海水的温度和盐度发生了变化,这将导致海水的地震波传播速度发生变化,呈现出纵向和横向上的不均匀。这种纵横向的非均匀状态对地震波传播产生影响,若在地震成像中不考虑这类中尺度现象,将造成成像精度的下降。另外,在储层预测的研究中,波形的改变是储层反演的重要依据,在深水环境下,如若不考虑中尺度现象的存在,将会增大反演的误差。

以南中国海为例,该区域是一个海洋环境复杂的海域,根据物理海洋的研究成果,海洋中声波传播速度的变化一般为 1450~1540m/s,海水温度和盐度、海洋内波和中尺度涡旋对声波传播速度都会产生影响,我国南海是各类中尺度现象频发的海域,南海复杂的海洋环境所构成的声速剖面在物理海洋的研究中受到极大的关注。地震波在海水中的传播与声波一样,南海深水海域复杂的声速结构对也会对地震波形成不可忽视的影响。水体的影响相当于陆上反射地震方法中浅表层的影响,是深水地震勘探中需要重视的问题。

我们对深水海域实际问题,开展了水层非均匀性对地震波传播影响的研究。

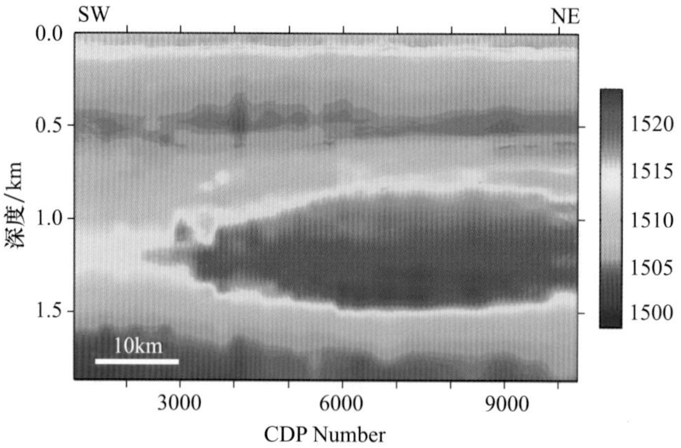

图 7.1.1　一个在地中海地区实际观测到的海洋中尺度涡旋

7.1.1　海洋动力环境的中尺度现象

　　随着科学技术的进步,人们不仅可以发现全球尺度的洋流变化,而且可以观测到海洋水体运动的更加精细的变化。中尺度现象是指空间尺度在几十或上百千米级别的水体运动。这些运动包括中尺度涡旋、温盐分层、锋面和内波等。这些中尺度现象都可能直接影响地震波的传播,因此,在深水油气勘探的地震成像研究中,我们将考虑这些现象。本书主要涉及的中尺度现象是指温盐分层现象和中尺度涡旋现象。

7.1.2　海洋动力环境变化影响地震波传播的物理机制

　　海水的热盐结构影响海洋水体的热平衡和物质平衡,温度、盐度、密度、压力等的时空变化,垂直面上温度和密度的分布,海洋中的海水混合、扩散和层结,锋面和跃层的形成都可以在海水的声学特征上得到反映。地震波在水中的传播与声波类似,因此,所有海洋中的物理显现都可能引起海水地震波传播速度的改变,这就是海洋动力环境变化影响地震波传播的最基本的物理意义。在深水油气勘探中,庞大的水体是拖缆式地震勘探不可逾越的介质对象,水体的地震波速度变化当然直接影响地震波的传播,是我们深水油气研究必须面对的特殊问题。

7.2　深水海域非均匀水体地震波速度模型的建立

　　海洋是一个环境复杂的区域,根据物理海洋的研究成果,海洋中声波传播速度的变化一般为 1450~1540m/s,海水温度和盐度、海洋内波和中尺度涡旋对声波的传播速度都会形成影响。我国南海是各类中尺度现象频发的海域,南海复杂的海洋环境所构成的声速剖面在物理海洋的研究中受到极大的关注。地震波在海水中的传播与声波一样,南海深水海域复杂的声速结构对也会对地震波形成不可忽视的影响。水体的影响相当于陆地上反射地震方法中浅表层的影响,是深水地震勘探中需要重视的问题。

7.2.1 海水温盐变化的声波速度建模

根据物理海洋学家的研究成果,当水层的温度和盐度发生变化时,声波速度也会发生变化,其速度随深度的变化符合如下经验公式:

$$c = 1449.30 + \Delta c_t + \Delta c_S + \Delta c_p + \Delta c_{Spt} \tag{7.2.1}$$

式中,c 表示声波传播速度,下标 t, S, p 分别表示温度、盐度和深度。为了分析水层层状速度结构对地震响应和成像精度的影响,我们首先建立了如图 7.2.1(b)所示水层速度恒定的速度模型,然后根据(7.2.1)式,我们建立了如图 7.2.1(a)所示水层速度按照温度和盐度变化呈现层状结构的速度模型。如图 7.2.1 所示的两个模型具有崎岖海底地形,在浅部和深部

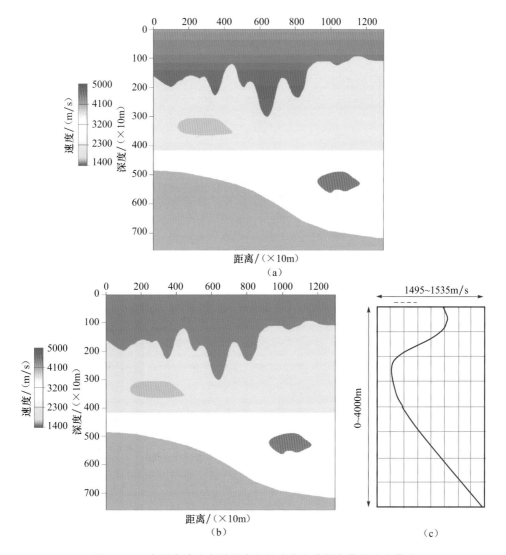

图 7.2.1 水层声波速度随温度和盐度发生分层变化的速度模型

不同位置存在速度异常体。这样的假设是为了能够分析通过异常体的地震响应有无变化。

7.2.2　中尺度涡旋的声波速度建模

根据物理海洋研究成果,可以给出中尺度涡旋的声波速度描述。根据涡旋的空间分布特点,用高斯涡模型可以描述海洋中尺度涡旋(李佳讯等,2009)。中尺度涡旋二维模型的声波速度表达式为

$$c(x,y,z) = c_0(x,y,z) + \delta c(x,y,z) \tag{7.2.2}$$

(7.2.2)式中的 c_0 和 δc 定义如下:

$$c_0(z) = 1500\{1 + 0.0057[e^{-\eta} - (1-\eta)]\};$$

$$\delta c(x,y,z) = DC \times \exp\left[-\left(\frac{r-Re}{DR}\right)^2 - \left(\frac{Z-Ze}{DZ}\right)^2\right] \tag{7.2.3}$$

其中 $\eta = 2 \times (z-1000)/1000$,$DC$ 为涡强度,即涡心外沿由于涡的存在所产生的最大声波速度差,冷涡下 DC 取负值,暖涡下 DC 取正值。DR 是涡旋的水平半径,DZ 是涡旋的垂直半径,Re 是涡心的水平位置,Ze 是涡心的垂直位置。

根据(7.2.2)式和(7.2.3)式,我们设计了一个暖涡速度模型,如图 7.2.2 所示。

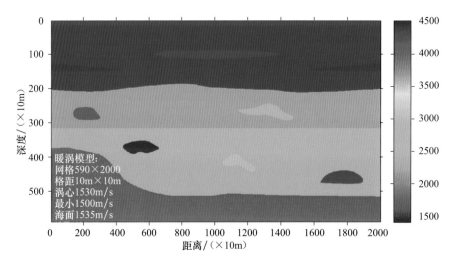

图 7.2.2　中尺度暖涡旋速度模型

7.3　不同海洋动力环境因素影响下的地震偏移成像

我们研究了不同海洋动力环境下地震偏移成像的变化。这里主要指海水由于温度、盐度变化引起的纵向速度分层现象,以及由于水动力环境的变化形成中尺度涡旋引起的环状速度分层现象。这两种现象是海洋中最常见的现象,下面我们来分析这两种现象对地震偏移成像的影响。

7.3.1 海水温盐变化与地震偏移成像

根据如图 7.2.1 所示的温盐差引起的纵向分层速度模型,我们利用波动方程有限差分算法计算了水层纵向不分层速度模型(图 7.2.1(a))和水层纵向分层速度模型(图 7.2.1(b))的理论地震记录,其中的一个单炮记录分别如图 7.3.1 和图 7.3.2 所示。从地震单炮记录上,可以看到一些微小的差别。我们进一步对整套地震数据实施了叠前逆时偏移成像,如图 7.3.3 和图 7.3.4 所示。很明显,当我们利用水层纵向分层的速度模型获得地震记录,而在偏移处理时不考虑水层速度模型的变化时,我们得到的偏移成像的精度很差,如果考虑了水层速度模型的变化,则可以获得高精度的偏移成像结果。

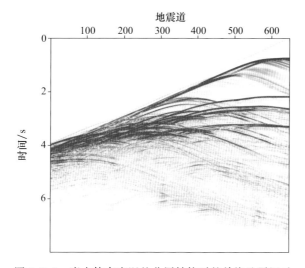

图 7.3.1 当水体存在温盐分层结构时的单炮地震记录

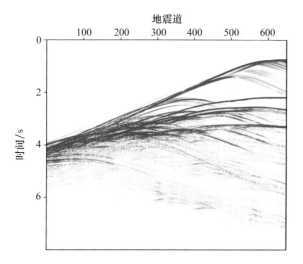

图 7.3.2 当水体不存在温盐分层结构时的单炮地震记录

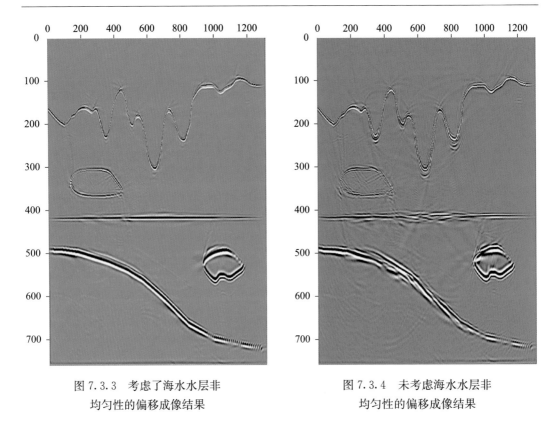

图 7.3.3　考虑了海水水层非
均匀性的偏移成像结果　　　　　图 7.3.4　未考虑海水水层非
均匀性的偏移成像结果

　　我们再来分析单炮记录的频谱变化,图 7.3.5 和图 7.3.6 分别给出了水体存在温盐分层结构时单炮地震记录的频谱,从两张图上可以明显看出,当水体存在温盐分层结构和水体均匀时,地震单炮记录的频谱具有很大差别,这一点提醒我们在储层反演中必须考虑这一因素。

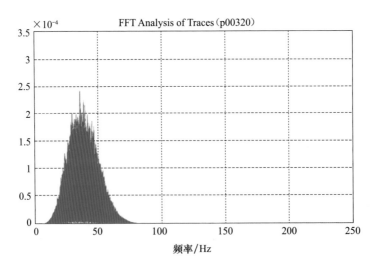

图 7.3.5　当水体存在温盐分层结构时单炮地震记录的频谱

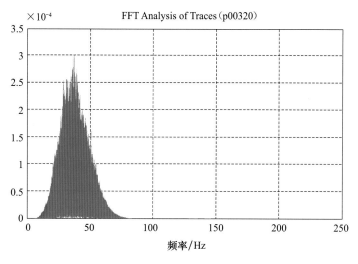

图 7.3.6 当水体不存在温盐分层结构时单炮地震记录的频谱

图 7.3.7 和图 7.3.8 是单炮记录的时频分析结果,这一数据对储层反演非常有意

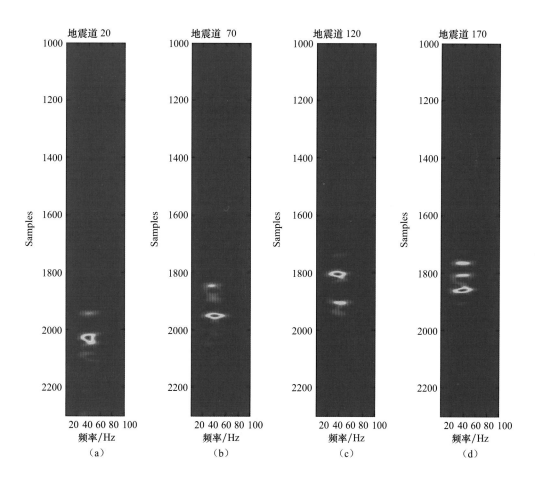

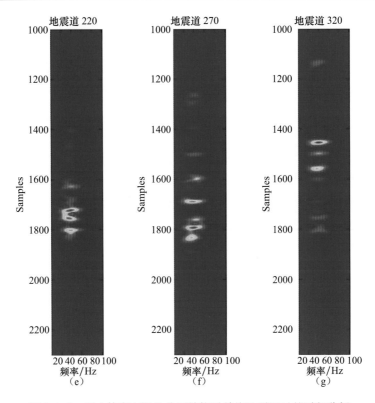

图 7.3.7　当水体存在温盐分层结构时单炮地震记录的时频分析

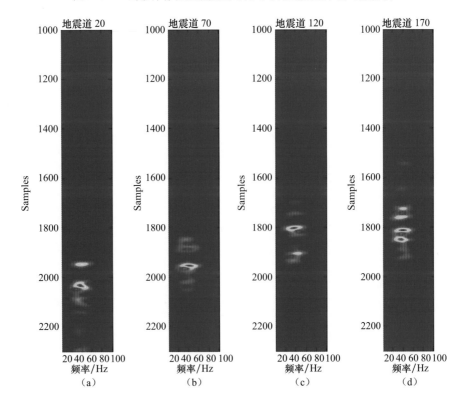

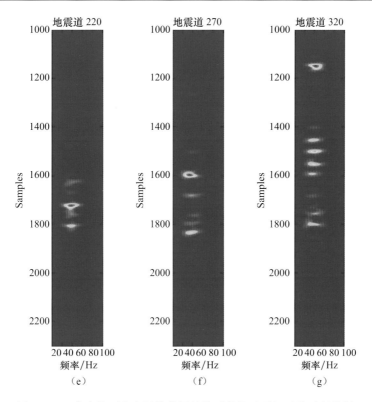

图 7.3.8 当水体不存在温盐分层结构时单炮地震记录的时频分析

义。从图 7.3.7 和图 7.3.8 上可以明显看出,当水体存在温盐分层结构和水体均匀时,地震单炮记录的时频分析图具有很大差别,这一点同样提醒我们在储层反演中必须考虑水层变化的因素。

7.3.2 中尺度涡旋与地震偏移成像

根据如图 7.2.2 所示的暖涡速度模型,我们利用波动方程有限差分算法计算了水层存在暖涡和不存在暖涡速度模型的理论地震记录,从这套理论地震记录中提取一个单炮记录,分别如图 7.3.9 和图 7.3.10 所示。与水层纵向分层结构类似,从地震单炮记录上,可以看到一些微小的波形变化。我们进一步对整套地震数据实施了叠前逆时偏移成像,如图 7.3.11 和图 7.3.12 所示。成像结果同样表明,当水层存在涡旋,而偏移处理时没有考虑到水层速度模型的这种变化,将使得偏移成像的精度变差。单炮记录的频谱和时频分析结果也发生了变化,如图 7.3.13 和图 7.3.14 所示。

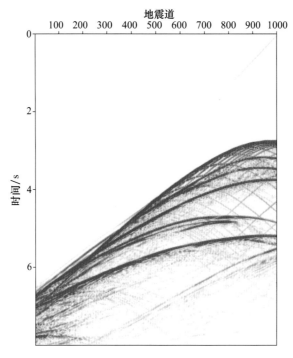

图 7.3.9　考虑了暖涡存在情况下的地震单炮记录

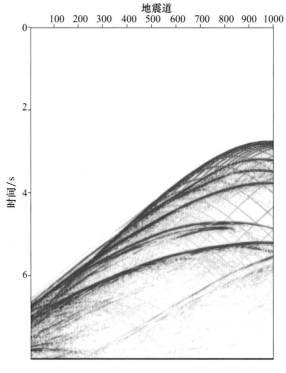

图 7.3.10　水层均匀情况下的地震单炮记录

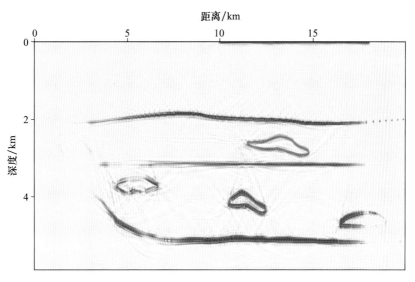

图 7.3.11 考虑了暖涡存在情况下的偏移成像结果

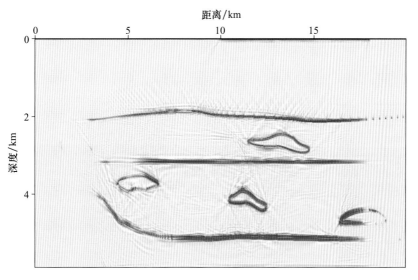

图 7.3.12 未考虑暖涡存在情况下的偏移成像结果

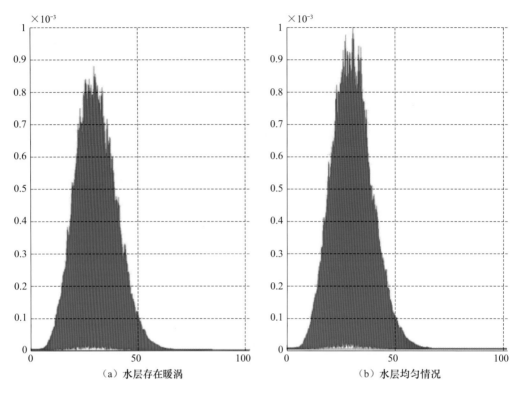

图 7.3.13　地震单炮记录的频谱

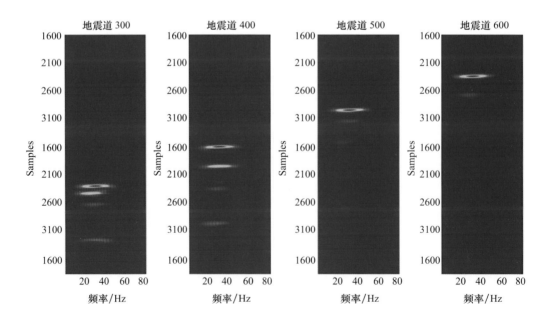

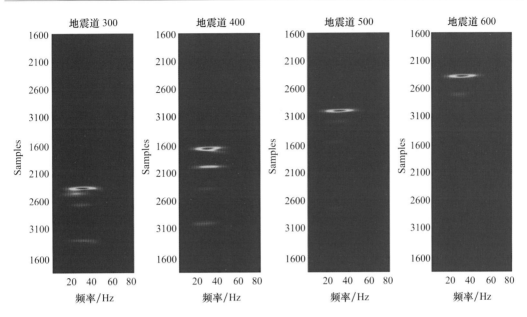

图 7.3.14 水层存在暖涡(上)和水层均匀情况(下)下单炮地震记录的时频分析

7.4 小 结

综上所述,在深水油气地震成像研究中,水体的速度变化会使成像精度受到影响,水体的速度变化还会使地震记录的波形发生变化,进而引起频谱的变化,这些变化是深水油气地震精准震勘探所不能忽略的。

海洋的中尺度现象,除在本章中分析的中尺度涡旋之外,还有内波。我们没有开展海洋内波对地震波传播影响的研究,因为海洋内波的速度结构是随机的,这是一个更为复杂的问题,内波随时间随机变化,根据物理海洋的研究结果,内波是引起声波传播呈波动变化的主要因素。在开展深水地震成像研究时,常常遇到数值模型可得到信噪比较高的成像效果而实际资料则难以获得好的效果,这其中是否存在内波的影响值得今后继续研究。

参 考 文 献

常旭,刘伊克,杜向东,等.2008.深水崎岖海底地震数据成像方法与应用.地球物理学报,51(1):228-234.

常旭,刘伊克,桂志先.2006.反射地震零偏移距逆时偏移方法用于隧道超前预报.地球物理学报,49(5):1482-1488.

樊卫花,杨长春,孙传文,等.2007.三维地震资料叠前时间偏移应用研究.地球物理学进展,22(3):836-842.

方伍宝.2002.地震偏移问题及其解决方案(译).勘探地球物理进展,25(2):44-60.

郝伟.2009.基于3-migs处理系统的弯曲射线叠前时间偏移技术研究与应用.北京:中国地质大学学位论文.

胡昊,刘伊克,常旭,等.2013.逆时偏移计算中的边界处理分析及应用.地球物理学报,56(6):2033-2042.

金德刚,常旭,刘伊克.2008.逆子波域消除多次波方法研究.地球物理学报,51(1):250-259.

李佳讯,张韧,王彦磊,等.Kraken海洋声学模型及其声传播与衰减的数值试验.海洋科学进展,2009.

李振春.2002.多道集偏移速度建模方法研究.上海:同济大学海洋与地球科学学院学位论文.

李振春,王华忠,马在田,等.2000.共中心点道集偏移速度分析.石油物探,39(1):20-26.

李振春,张军华.2004.地震数据处理方法.东营:石油大学出版社.

刘国峰.2007.弯曲射线Kirchhoff积分叠前时间偏移及并行实现.北京:中国地质大学学位论文.

刘洪,刘国峰,李博,等.2009.基于横向导数的走时计算方法及其在叠前时间偏移中的应用.石油物探,48(1):3-10.

刘红伟,李博,刘洪,等.2010.地震叠前逆时偏移高阶有限差分算法及GPU实现.地球物理学报,53(7):1725-1733.

刘伊克,常旭,卢孟夏,等.2006.目标函数叠前保幅偏移方法与应用.地球物理学报,49(4):1150-1154.

刘伊克,常旭,王辉,等.2008.波路径偏移压制层间多次波的理论与应用.地球物理学报,51(2):589-595.

刘玉莲,李振春,等.2004.基于有限差分走时计算的Kirchhoff叠前深度偏移.CPS/SEG北京国际地球物理学术会议论文集.

卢回忆.2012.复杂构造地震速度建模方法研究.北京:中国科学院研究生院学位论文.

麻三怀,杨长春,孙福利,等.2009.克希霍夫叠前时间偏移技术在复杂构造带地震资料处理中的应用.中国科学院地质与地球物理研究所2008学术论文汇编.

马在田.1989.地震偏移成像.北京:石油工业出版社.

马在田.2002.论反射地震偏移成像.勘探地球物理进展,25(3):1-5.

马在田,曹景忠,王华忠,等.1997.计算地球物理学概论.上海:同济大学出版社.

陶杰.2011.非均质性介质三维保幅Kirchhoff叠前时间偏移研究.北京:中国科学院研究生院学位论文.

王棣,王华忠,马在田,等.2004.叠前时间偏移方法综述.勘探地球物理进展,27(5):313-320.

吴立明,许云,乌达巴拉.1995.高斯束射线法在二维非均匀介质复杂构造中的应用.地球物理学报,38(51):144-152.

吴时国,袁圣强.2005.世界深水油气勘探进展与我国南海深水油气前景.天然气地球科学,16(6):693-699.

杨仁虎.2010.复杂介质地震波传播与逆时偏移成像方法研究.北京:中国科学院研究生院学位论文.

杨仁虎,常旭,刘伊克.2010.叠前逆时偏移影响因素分析.地球物理学报,53(8):1902-1913.

尤建军.2006.长偏移距地震资料处理方法研究——长偏移距地震资料速度分析、动校正、各向异性参数反演.北京:中国科学院研究生院学位论文.

尤建军,常旭,刘伊克.2006.VTI介质长偏移距非双曲动校正公式优化.地球物理学报,49(6):1770-1778.

岳玉波,李振春,钱忠平,等.2012.复杂地表条件下保幅高斯束偏移.地球物理学报,55(4):1376-1383.

张金海.2007.Fourier有限差分法深度偏移与正演模拟.北京:中国科学院地质与地球物理研究所博士学位论文.

张金海,王卫民,赵连峰,等.2007.傅里叶有限差分法三维波动方程正演模拟.地球物理学报,50(6):1854-1862.

张平平.2005.保幅偏移方法研究.北京:中国科学院地质与地球物理研究所博士学位论文.

张伟.2010.叠前时间偏移成像影响因素研究.北京:中国地质大学学位论文.

张宇.2006.振幅保真的单程波方程偏移理论.地球物理学报,49(15):1410-1430.

张宇.2008.偏移中的假频问题研究及地震成像的分辨率分析//金翔龙.中国地质地球物理研究进展:庆贺刘光鼎院士八十华诞.北京:海洋出版社.

朱遂伟.2009.全局优化的Fourier有限差分偏移方法研究.北京:中国科学院地质与地球物理研究所博士学位论文.

朱遂伟,张金海,姚振兴.2008.基于多参量的模拟退火全局优化傅里叶有限差分算子.地球物理学报,51(6):1844-1850.

邹振.2010.基于非对称走时的Kirchhoff积分角度域成像与应用.北京:中国科学院地质与地球物理研究所博士学位论文.

Abma R,Sun J,Bernitsas N.1999.Antialiasing methods in Kirchhoff migration.Geophysics,64(6):1783-1792.

Akinosho T.1999.Producers untangling Angola's complex deepwater geology,turbidite sands most productive interval.Offshore,59(2):34-39.

Alkhalifah T.1995.Gaussian-beam depth migration for anisotropic media.Geophysics,60(5):1474-1484.

Alkhalifah T,Tsvankin I.1995.Velocity analysis for transversely isotropic media.Geophysics,60(5):1550-1566.

Anderson J E,Cartvoright J,Drysdall S J,et al.2000.Controls on turbidite sand deposition during gravity-driven extension of a passive margin:examples from Miocene sediments in Block 4,Angola.Marine and Petroleum Geology,17(10):1165-1203.

Bancroft J C,Geiger H D,Margrave G F.1998.The equivalent offset method of prestack time migration.Geophysics,63(6):2041-2053.

Banik N C.1984.Velocity anisotropy of shales and depth estimation in the North Sea basin.Geophysics,49(9):1411-1419.

Baysal E,Kosloff D D,Sherwood J W C.1984.A 2-way nonreflecting wave-equation.Geophysics,49(2):132-141.

Baysal E,Kosloff D D,Sherwood J W C.1983.Reverse time migration.Geophysics,48(11):1514-1524.

Berkhout A J.1997.Pushing the limits of seismic imaging.Part I:Prestack migration in terms of double dynamic focusing.Geophyscis,62(3):937-953.

Berkhout A J,Verschuur D J. 1997. Estimation of multiple scattering by iterative inversion:Part 1-Theoretical considerations. Geophysics,62(5):1586-1595.

Bleistein N. 1987. On the imaging of reflectors in the earth. Geophysics,52(7):931-942.

Biondi B. 2002. Stable wide-angle Fourier finite-difference downward extrapolationof 3-D wavefields. Geophysics,67(3):872-882.

Biondi B. 2003. Equivalence of source-receiver migration and shot-profile migration. Geophysics,68(4):1340-1347.

Biondi B,Shan G. 2002. Prestack imaging of overturned reflections by reverse time migration. Proceedings of the 72nd Annual International Meeting,Social of Exploration Geophysicists,21(1):1236-1239.

Briais A,Patriat P,Tapponier P. 1993. Updated interpretation of magnetic anomalies and seafloor spreading stages in the South China Sea:implications for the tertiary tectonics of southeast Asian. Journal of Geophysical Research,Solid earth,98(B4):6299-6328.

Buske S,Mueller T,Sick C,et al. 2001. True amplitude migration in the presence of a statistically heterogeneous overburden. J. Seism. Explor 10(1-3):31-40.

Castle R J. 1982. Wave-equation migration in the presence of lateral velocity variations. Geophysics,47(7):1001-1011.

Cerveny V. 1982. Expansion of a plane-wave into Gaussian Beams. Studia Geophysica Et Geodaetica,26:120-131.

Cerveny V. 1985. Gaussian-Beam synthetic seismograms. Journal of Geophysics-Zeitschrift Fur Geophysik,58:44-72.

Cerveny V,Popov M M,Psencik I. 1982. Computation of wave fields in inhomogeneous-media Gaussian-Beam approach. Geophysical Journal of the Royal Astronomical Society,70:109-128.

Cerveny V,Psencik I. 1983. Gaussian Beams and Paraxial Ray approximation in 3-Dimensional elastic inhomogeneous-media. Journal of Geophysics-Zeitschrift Fur Geophysik,53:1-15.

Chattopadhyay S,McMechan G A. 2008. Imaging conditions for prestack reverse-time migration. Geophysics,73(3):S81-S89.

Chen J B,Liu H. 2004. Optimization approximation with separable variables for the one-way wave operator. Geophysical Research Letters,31(6):L06613.

Christopher J. 2003. True-amplitude Kirchhoff migration from topography. 73rd Annual International Meeting,Social of Exploration Geophysicists,Expanded Abstracts:909-913.

Claerbout J F,Doherty S M. 1972. Downward continuation of moveout-corrected seismograms. Geophysics,37(5):741-768.

Claerbout J M. 1971. Toward a unified theory of reflector mapping. Geophysics,36(3): 467-481.

Clapp R G. 2009. Reverse time migration with random boundaries. 79th Annual International Meeting,Social of Exploration Geophysicists,Expanded Abstracts:2809-2813.

Costa J C,Neto F A S,Alcantara M R M,et al. 2008. Obliquity-correction imaging condition for reverse time migration. Geophysics,74(3):S57-S66.

Dellinger J A,Gray S H,Murphy G E,et al. 2000. Efficient 2. 5-D true-amplitude migration. Geophyscis,65(3):943-950.

Deluca M. 1999. Deepwater discoveries keep West Africa at global forefront. Offshore,59(2):23-33.

Dmitri G,Larry L,Bland H C. 2000. 3-D depth migration:Parallel processing and migration movies. The Leading Edge,19:1282-1284.

Eric D, Symes W W, Paul W, et al. 2008. Computational strategies for reverse-time migration. Proceedings of the 78th Annual International Meeting, Social of Exploration Geophysicists, 27: 2267-2271.

Filpo E. 1999. Deepwater multiple suppression in the near-offset range. The Leading Edge, 18(1): 81-84.

Fontecha B, Cai W, Ortigosa F, et al. 2005. Wave equation migration and illumination on a 3-D GOM deep water dataset. Social of Exploration Geophysicists Technical Program Expanded Abstracts: 1989-1992.

Fricke J R. 1988. Reverse-time migration in parallel: a tutorial. Geophysics, 53(9): 1143-1150.

Fu L Y. 2005. Broadband constant-coefficient propagators. Geophysical Prospecting, 53(3): 299-310.

Gardner G H F, Wang S Y, Pan N D, et al. 1986. Dipmoveout and prestack imaging. 18th Offshore Tech. Conf. , 2: 75-81.

Gazdag J. 1978. Wave equationmigrationwith the phase-shiftmethod. Geophysics, 43(7): 1342-1351.

Gazdag J, Sguazzero P. 1984. Migration of seismic data by phase-shift plus interpolation. Geophysics, 49(2): 124-131.

George T, Virieux J, Madariaga R. 1987. Seismic-Wave synthesis by Gaussian-Beam summation-a comparison with finite-differences. Geophysics, 52: 1065-1073.

Gray S H. 1992. Frequency-selective design of the Kirchhoff migration operator. Geophysical Prospecting, 40(5): 565-571.

Gray S H. 1997. True-amplitude seismic migration: A comparison of three approaches. Geophysics, 62(3): 929-936.

Gray S H. 2005. Gaussian Beam Migration of Common-Shot Records. Geophysics, 70(4): S71-S77.

Gray S H, Bleistein N. 2009. True-Amplitude Gaussian-Beam Migration. Geophysics, 74(2): S11-S23.

Gray S H, Etgen J, Delinger J, et al. 2001. Seismic migration problems and solutions. Geophysics, 66(5): 1622-1640.

Gray S H, Notfors C, Bleistein N. 2002. Imaging Using Multi-Arrivals: Gaussian Beams or Multi-Arrival Kirchhoff. 72th Annual International Meeting, SEG, Expanded Abstracts: 1117-1120.

Hale D. 1991a. 3-D depth migration via McClellan transformations. Geophysics, 56(11): 1778-1785.

Hale D. 1991b. Nonaliased integral method for dip moveout. Geophysics, 56(6): 795-805.

Hale D. 1992a. Computational Aspects of Gaussian Beam Migration. Colorado School of Mines Center for Wave Phenomena Report 139.

Hale D. 1992b. Migration by the Kirchhoff, Slant Stack, and Gaussian Beam Methods. Colorado School of Mines Center for Wave Phenomena Report 121.

Hanitzsch C. 1997. Comparison of weights in prestack amplitude-preserving Kirchhoff depth migration: Geophyscis, 62(6): 1812-1816.

Hill N R. 1990. Gaussian-Beam Migration. Geophysics, 55(11): 1416-1428.

Hill N R. 2001. Prestack Gaussian-Beam Depth Migration. Geophysics, 66(4): 1240-1250.

Huang L J, Fehler M C. 1998. Accuracy analysis of the split-step fourier propagator implications for seismic modeling and migration. Bull. Seismol. Soc. Am, 88(1): 18-29.

Huffman A R. 2001. What technologies will impact deep water appraisal and development 10 years from now? The Leading Edge, 20(4): 372-384.

Jousset P, Thierry P, Lambaré G. 1999. Reduction of 3-D acquisition footprints in 3-D migration/Inversion. Expanded Abstracts, 69th Annual SEG Meeting and Exposition: 1354-1357.

Kachalov A P, Popov M M. 1981. Application of the Gaussian-Beam summation method for the computation of wave fields in the high-Frequency approximation. Doklady Akademii Nauk Sssr, 258: 1097-1100.

Keen T R,Allen S E. 2000. The generation of internal waves on the continental shelf by Hurricane Andrew. J. Geophys. Res. ,105:203-224.

Khain V E,Polakova I D. 2004. Oil and gas potential of deep and ultra-deep water zones of Continental Margins. Lithology and Mineral Resources,39(6):610-621.

Langan R T. 1985. Tracing of rays through heterogeneous media:An accurate and efficient procedure. Geophysics,50(9):1456-1465.

Le Rousseau J H,de Hoop M V. 2001. Modeling and imaging with the scalar generalized-screen algorithms in isotropic media. Geophysics,66(5):1551-1568.

Lee S. 1999. Deepwater reservoir prediction using seismic and geomechanical methods. The Leading Edge, 18(6):726-728.

Liu F Q,Zhang G Q,Morton S A,et al. 2007. Reverse-time migration using one-way wavefield imaging condition. 77th Annual International Meeting,SEG,Expanded Abstracts:2170-2174.

Liu F Q,Zhang G Q,Morton S A,et al. 2011. An effective imaging condition for reverse-time migration using wavefield decomposition. Geophysics,76(1):S29-S39.

Liu L,Zhang J. 2006. 3D wavefield extrapolation with optimum split-step Fourier method. Geophysics, 71(3):T95-T108.

Loewenthal D,Mufti I R. 1983. Reversed time migration in spatial-frequency domain. Geophysics,48(5): 627-635.

Loewenthal D,Stoffa P L,Faria E L. 1987. Suppressing the unwanted reflections of the full-wave equation. Geophysics,52(7):1007-1012.

Munroe J R,Lamb K G. 2005. Topographic amplitude dependence of internal wave generation by tidal forcing over idealized three-dimensional topography. J. Geophys. Res. , 110: C02001, 10. 1029/ 2004JC002537.

Ostermeier R M,Pelletier J H,Winker C D. 2002. Dealing with shallow-water flow in the deepwater Gulf of Mexico. The Leading Edge,21(7):660-668.

Pettingill H S,Weimer P. 2002a. Deepwater remains immature frontier. Offshore,62(10):48-52.

Pettingill H S,Weimer P. 2002b. World wide deep water exploration and production:Past,present,and future. The Leading Edge,21(4):371-376.

Popov M M,Semtchenok N M,Popov P M,et al. 2010. Depth migration by the Gaussian Beam summation method. Geophysics,75(2):S81-S93.

Popov M M,Semtchenok N M,Verdel A R,et al. 2007. Seismic migration by Gaussian Beams summation. Doklady Earth Sciences,417:1236-1239.

Porter M B,Bucker H P. 1987. Gaussian-Beam tracing for computing ocean acoustic fields. Journal of the Acoustical Society of America,82:1349-1359.

Raz S. 1987. Beam stacking a generalized preprocessing technique. Geophysics,52(9):1199-1210.

Ristow D,Rühl T. 1994. Fourier finite-difference migration. Geophysics,59:1882-1893.

Sava P,Fomel S. 2005. Coordinate-independent angle-gathers for wave equation migration. SEG Technical Program Expanded,Abstracts:2052-2055.

Schneider R V,Gordon M B,Sempert J,et al. 2000. Prestack depth imaging in the eastern Gulf of Mexico. The Leading Edge,19(12):1340-1343.

Schleicher J T,Tygel M,Hubral P. 1993. 3-D True-amplitude finite-offset migration. Geophysics,58: 1112-1126.

Schneider W A. 1995. Robust and efficient upwind finite-difference traveltime calculation in three dimensions. Geophysics,60(4):1108-1117.

Schneider W A,Ranzinger K A,Balch A H,et al. 1992. A dynamic programming approach to first arrival traveltime computation in media with arbitrary distributed velocities. Geophysics,57(1):39-50.

Stephens A R,Monson G D,Reilly J M. 1996. The relevance of seismic amplitudes in exploring the Niger Delta. Offshore,56(10):54-60.

Schneider W A. 1978. Integral formulation for migration in two-dimensions and threedimensions. Geophysics,43(1):49-76.

Schuster G, Sun H. 1999. Wavepath migration. 61th Ann. Mtg. , Eur. Assn. Geosci. Eng. , Expanded Abstracts:1-53.

Stoffa P L,Fokkema J T,de Luna Freire R M,et al. 1990. Split-step Fourier migration. Geophysics, 55(4):410-421.

Sun H,Huang L J,Michael CF. 2002. Kirchhoff Migration with An Optimized Imageing Aperture. SEG, Extended Abstracts.

Sun J,Dirk G. 1996. Computation of the 3-D true-amplitude weighting functions in migration without dynamic ray tracing. SEG,Extended Abstracts:511-514.

Symes W W. 2007. Reverse time migration with optimal checkpointing. Geophysics,72(5):213-221.

Talyor B,Hayes D E. 1983. Origin and history of the South China Sea Basin. The tectonic and Geologic Evolution of the South east of Asian Seas and Islands,Part II. Geophysical Monograph Washington AGU:23-56.

Tong F,Joe AD,Gary EM,et al. 1998. Anisotropic true-amplitude migration. SEG,Extended Abstracts.

Versteeg R. 1994. The Marmousi experience:Velocity model determination on a synthetic complex data set. The Leading Edge,13(9):927-936.

Wapenaar C P A,Herrmann F J. 1996. True-amplitude migration taking fine layering into account. Geophysics,61(3):795-803.

Whitmore N D. 1983. Iterative depth migration by backward time propagation. 53rd Annual International Meeting,SEG,Expanded Abstracts:382-385.

Yoon K,Marfurt K J,Starr W. 2004. Challenges in reverse-time migration. 74th Annual International Meeting,SEG,Expanded Abstracts:1057-1060.

Zhang J H,Wang S Q,Yao Z X. 2009a. Accelerating 3D Fourier migration with graphics processing units. Geophysics,74(6):129-139.

Zhang J H,Wang W M,Zhen X Y. 2009b. Comparison between the Fourier finitedifference method and the generalizedscreen method. Geophys. Prosp,57(3):355-365.

Zhang Y,Sun J. 2009. Practical issues of reverse time migration:true amplitude gathers,noise removal and harmonic-source encoding. CPS/SEG Beijing 2009 International Geophysical Conterenle Exposition.

Zhang Y,Sun J,Yingst D. 2007. Explicit marching method for reverse-time migration. 77th Ann. Internat. Mtg. ,Soc. Expl. Geophys. ,Expanded Abstracts:2300-2304.

Zhou C,Cai W,Luo Y,et al. 1995. Acoustic wave equation traveltime and waveform inversion of crosshole seismic data. Geophysics,60,765-773.

Zhu J M,Lines L R. 1998. Comparison of kirchhoff and reverse-time migration methods with applications to prestack depth imaging of complex structures. Geophysics,63(4):1166-1176.

后　记

地震波的传播无比奇妙，它的千变万化激发人的各种遐想。当我们用波动方程的计算演示地震波在复杂介质中的传播时，波动传播的奇妙变换放射出强大的吸引力，牵动我们的好奇心，让我们为之投入、为之倾心。我们喜爱地震成像。地震成像是寻找和认知深埋地下的多种资源的重要方法。地震成像依据观测所得的地震数据，通过数学反演获取地下构造信息。地震成像的研究对地震波的传播、地震波反演理论的研究以及数字信号处理方法的研究都具有重要意义。受 973 项目和国家自然科学基金项目研究成果的驱使，我们将自己粗浅的研究工作汇编成册，为了我们所热爱的地震勘探事业，为了总结自己所获得的知识，也为了与我们的同行探讨未知。

本书基于深水油气地震成像的特殊问题，围绕地震偏移成像的方法原理和应用实践编写，书中整理了作者近年来在数值计算和实际地震资料成像研究方面的积累，在此，愿与喜爱地震偏移成像研究的同行共享。

本书编写工作的完成，首先应该感谢老前辈刘光鼎院士、孙枢院士、秦蕴珊院士、汪品先院士、贾承造院士作为我们承担的 973 项目的专家组成员，一直以来对深水油气研究方向提供指导和支持，使我们在研究思路上受益匪浅；感谢罗志斌教授、彭苏萍院士作为我们项目的跟踪专家，给予我们诸多中肯的指导，使我们的科研工作顺利实施；感谢首席科学家朱伟林总地质师挂帅我们的项目，带领大家一丝不苟地完成科研任务；感谢项目组的米立军、李绪宣、徐强、张功成、夏斌、闫义、刘伊克、吴时国、姚根顺等科研同行的鼎力协作；感谢各级管理部门对项目的支持。最后我们诚挚地感谢在书稿整理期间，中国科学院地质与地球物理研究所地震波传播与成像学科组历届研究生们做出的贡献，他们的全力协助使本书的面世成为可能。由于作者学识所限，书中不妥之处，敬请读者批评指正。